Elogios à obra

"Este livro perspicaz é um antídoto para a miopia. Ari Wallach não vai apenas deixar você planejando meses ou anos à frente — ele irá desafiar você a olhar para as gerações futuras. Prepare-se para pensar e repensar."

— Adam Grant, autor de *Think Again*, best-seller nº1 do *New York Times*, e apresentador do TED podcast *WorkLife*

"Ler este livro é como dar as mãos entre gerações a fim de encontrar a esperança, o impulso e a imaginação necessários para construirmos o mundo que desejamos. Um mundo construído com justiça, espírito e alegria."

— Ai-jen Poo, presidente da National Domestic Workers Alliance e autora de *The Age of Dignity*

"Ari Wallach escreveu um guia essencial para o século XXII. Você leu certo. Com a perspicácia de um futurista e a alma de um rabino, Wallach nos mostra que o único antídoto eficaz para o imediatismo desenfreado do presente é ter uma conversa urgente sobre remodelar o futuro distante. *Longpath — Um Antídoto para o Imediatismo* tornará todas as suas conversas mais significativas."

— Bruce Feiler, autor de *Life Is in the Transitions*, best-seller do *New York Times*

"Wallach, um futurista brilhante que vê com todo o seu coração, nos mostra como cocriar um futuro de dignidade, justiça e amor como práticas diárias. Este livro irá estimular seu arbítrio e elevar seu olhar para o horizonte das possibilidades. *Longpath — Um Antídoto para o Imediatismo* me mostrou como sentir a alegria das gerações futuras

— que é a minha estrela do norte. Sábio, prático e poderoso, este é um manual essencial para criar o mundo que sonhamos."

— Valarie Kaur, autora do best-seller *See No Stranger* e fundadora do projeto Revolutionary Love

"Pessoas que experimentam grandes opressões — como o pai de Ari — são, de alguma forma, mais capazes de pensar além de si mesmas, vendo saídas exatamente quando todos os caminhos parecem bloqueados. Os negros nas Américas nunca tiveram o luxo de não enxergar adiante. Agradecemos aos nossos ancestrais ao mesmo tempo em que nos esforçamos para nos tornar ancestrais dignos de agradecimento. *Longpath — Um Antídoto para o Imediatismo* ajudará mais pessoas a adotar essa mentalidade e os comportamentos que a acompanham. Mudar nossas mentes pode transformar nossas vidas."

— Rashad Robinson, presidente da Color of Change

"Tal como um profeta de tempos antigos, Ari Wallach nos traz uma mensagem extremamente necessária: embora não possamos agradecer àqueles que vieram antes de nós, nossa sobrevivência como espécie depende de levarmos os seus sacrifícios adiante. Wallach habilmente combina campos como a biologia evolutiva, a psicologia e a sabedoria espiritual não apenas para nos lembrar do que devemos às gerações futuras, mas para nos dar as ferramentas de que precisamos para sermos ancestrais melhores."

— David DeSteno, autor de *How God Works*

"Ari Wallach vai mudar a sua maneira de pensar sobre o tempo. *Longpath — Um Antídoto para o Imediatismo* oferece uma perspectiva instigante sobre como carregamos nossa história ancestral e como podemos conduzir nosso pensamento de reações de curto prazo para respostas de longo prazo. Que ações tomaremos ao adotar a perspectiva de nossos tataranetos?"

— Sharon Salzberg, autora de *Lovingkindness*

"A abordagem de Ari Wallach para sermos grandes ancestrais é um excelente antídoto para as armadilhas confusas e insustentáveis do pensamento de curto prazo. A mensagem de Wallach, filosoficamente profunda e prática, atemporal e urgente, é aquela de que precisamos mais do que nunca. Absorva-a; seus descendentes serão gratos por isso."

— Jamil Zaki, PhD, diretor do Laboratório de Neurociência Social de Stanford e autor de *The War for Kindness*

"*Longpath — Um Antídoto para o Imediatismo* é um chamado radical para expandir a janela de nossa atenção. Ao fazer isso, mudamos nosso pensamento e nosso comportamento, tornando-nos pessoas melhores e mais felizes."

— Amishi Jha, professora e autora de *Peak Mind*

"Ao cultivar o que Wallach designa como o modo de vida *Longpath*, ganhamos discernimento sobre como ir além das tomadas de decisões de curto prazo enraizadas em um oportunismo míope. Um mestre poético de metáforas criativas, Wallach convida a todos nós para nos juntarmos à jornada *Longpath — Um Antídoto para o Imediatismo*, não apenas pela sobrevivência da espécie, mas também porque esta é uma maneira alegre e gratificante de viver nossas vidas juntos!"

— Daniel Liechty, autor de *Facing Up to Mortality* e *Transference & Transcendence*

"Adorei este livro pela sua autenticidade e audácia. *Longpath — Um Antídoto para o Imediatismo* não apenas me ajudou a vislumbrar um futuro melhor, mas também a melhorar minha habilidade de ser um líder mais eficaz no presente. Este é um manual que qualquer pessoa pode aproveitar para alcançar resultados que podem mudar o mundo. É um feito impressionante que torna *Longpath* uma leitura obrigatória."

— Jonathan Greenblatt, CEO e diretor nacional da Liga Antidifamação (ADL)

"Ari Wallach desafia práticas que podem vir a prejudicar nosso futuro. Fornecendo ferramentas úteis e anedotas, Wallach sabiamente orienta os leitores a tomar decisões pessoais e profissionais com consciência do seu impacto de longo prazo — decisões que irão enriquecer nosso ser e um dia deixarão nossos descendentes distantes orgulhosos."

— Ytasha L. Womack, autora de *Afrofuturism*

"Como Viktor E. Frankl em seu livro *Em Busca de Sentido*, Ari Wallach nos dá um roteiro para encontrar significado e esperança neste momento entre o que foi e o que será, com os profundos insights e provocações que se esperaria não apenas de um futurista, mas de um pai que se preocupa profundamente com o mundo que deixaremos para nossos descendentes."

— Alec Ross, autor de *As Indústrias do Futuro* e *The Raging 2020s*, best-sellers do *New York Times*

"Albert Einstein observou que não podemos resolver nossos problemas com o mesmo pensamento que usamos quando os criamos. *Longpath — Um Antídoto para o Imediatismo*, de Ari Wallach, oferece uma maneira clara de pensar de forma diferente, para que possamos lidar melhor com os problemas de nosso tempo."

— Jonathan Rose, autor de *The Well-Tempered City*, cofundador do Garrison Institute e presidente da Rose Companies

"Que tipo de mundo queremos deixar para nossos filhos e netos? Ari Wallach nos faz refletir sobre esta pergunta crítica, que nossos antepassados ponderavam com mais veemência do que nós fazemos hoje em dia. Tornar-se um grande ancestral requer não apenas navegar por crises constantes, mas também imaginar um mundo possível por meio de nossas filosofias e escolhas cotidianas."

— Laurence C. Smith, autor de *O Mundo em 2050* e professor de Ciências Ambientais e Planetárias na Brown University

"Em um mundo turbulento, *Longpath — Um Antídoto para o Imediatismo* oferece um guia comovente e incisivo para qualquer um que esteja procurando diminuir a lacuna entre o mundo tal como ele é e o mundo tal como deveria ser."

— Hahrie Han, professora de Ciência Política na Stavros Niarchos Foundation, diretora da SNF Agora Institute na Universidade Johns Hopkins e autora de *Prisms of the People*

"*Longpath — Um Antídoto para o Imediatismo*, de Ari Wallach, é um lembrete oportuno de que, mesmo diante de desafios severos, é essencial adotar uma visão de longo prazo se quisermos alcançar a perspectiva compartilhada de um mundo justo e sustentável. Em uma época na qual a resiliência é um imperativo, e não apenas uma palavra da moda, *Longpath* oferece um caminho para torná-la realidade."

— Aron Cramer, presidente e CEO da BSR

"No contexto de uma época hiperconectada, porém fragmentada, repleta de mudanças transformacionais e ansiedades, Ari Wallach nos oferece um roteiro convincente para o futuro, um manifesto para mudar nossa mentalidade do curto para o longo prazo — levando-nos do passado ao presente e em direção a um futuro melhor que ainda temos a chance de cocriar, mesmo em nossas menores decisões e interações."

— Asha Curran, CEO da GivingTuesday

"Unindo racionalidade e espiritualidade de forma brilhante, *Longpath — Um Antídoto para o Imediatismo* oferece uma nova lente através da qual todos podemos imaginar e moldar o futuro."

— Adam Bly, fundador e CEO da System

"Ari Wallach se tornou nosso guia confiável para o futuro, e *Longpath — Um Antídoto para o Imediatismo* é nosso roteiro. *Longpath* não é um 'intervalo para a atenção plena', mas 'um estado de espírito' para a vida. A narrativa gentil e persistente de Wallach nos leva a perceber que, tal como a borboleta cujo bater de asas causou uma tempestade do outro lado do mundo, nossas ações diárias estão construindo o futuro para as gerações seguintes."

— Sudhir Venkatesh, professor William B. Ransford de Sociologia e Estudos Afro-americanos na Universidade de Columbia

"E se tivéssemos tempo para estender empatia e cuidado às gerações que vieram antes de nós? E as gerações que virão depois? Neste convite emocionante e desafiador, o futurista Ari Wallach nos leva a ampliar nosso círculo de preocupações ao nos vermos como elos de uma corrente intergeracional. O *longpathismo* é um alerta: cabe a nós garantir que o futuro da humanidade não seja caracterizado pela solidão, pela alienação e pela divisão em que vivemos hoje."

— Jenn Hoos Rothberg, diretora-executiva da Einhorn Collaborative

"Às vezes, tudo o que é necessário para mudar sua vida é vê-la de uma perspectiva diferente. *Longpath — Um Antídoto para o Imediatismo*, de Ari Wallach, vai além do pensamento convencional e abre um mundo onde cada um de nós pode considerar cuidadosamente como as escolhas que fazemos hoje podem impactar o futuro. Se você está reconsiderando suas escolhas de vida, este livro iluminará o caminho a se seguir."

— Kathryn Murdoch, cofundadora e presidente da Quadrivium Foundation

"Quando ouço a palavra 'futurista', penso em mochilas a jato e pílulas que substituem refeições. Mas Wallach não é esse tipo de futurista. Neste livro impressionante e perspicaz, ele nos leva de volta no tempo para expandir nossa perspectiva. Emergimos libertos de nosso pequeno senso de tempo e dotados da responsabilidade de ser um futuro ancestral."

— Casper ter Kuile, autor de *The Power of Ritual*

"Uma nova estrutura para pensar sobre nossos padrões de tomada de decisão, com a empatia sendo o centro de tudo."

— Chade-Meng Tan, autor de *Busque Dentro de Você*

"O pensamento de curto prazo é atraente e pode até ser bom no início, mas na maioria das vezes acaba causando danos mais adiante. Wallach argumenta convincentemente que nossos maiores desafios exigem que lidemos com eles no longo prazo e nos mostra por onde começar. Não temos tempo a perder."

— Brad Stulberg, autor de *The Practice of Groundedness*

"Ao misturar desenvolvimento psicológico, emocional e até mesmo espiritual, *Longpath — Um Antídoto para o Imediatismo* oferece um plano crucial e um chamado inspirador à ação: criar o futuro que queremos para nós mesmos e para nossos descendentes."

— Hollie Russon Gilman, membro sênior da New America e membro afiliado do Harvard's Ash Center for Democratic Governance and Innovation

"Escrito com brilho, beleza e muita alma, *Longpath — Um Antídoto para o Imediatismo* é o guia mais importante e esperançoso para o futuro que podemos começar a construir hoje."

— David Sax, autor best-seller de *The Revenge of Analog* e *The Future Is Analog*

Longpath

Um Antídoto para o Imediatismo

Longpath

Um Antídoto para o Imediatismo

Ari Wallach

Futurista e estrategista de sistemas sociais

ALTA BOOKS
GRUPO EDITORIAL
Rio de Janeiro, 2024

Longpath

ISBN: 978-85-508-2329-4

Alta Cult é uma Editora do Grupo Editorial Alta Books.

Translated from original Longpath. Copyright © 2022 by HarperCollins Publishers. ISBN 978-0-06-306873-5. This translation is published and sold by Ari Wallach, the owner of all rights to publish and sell the same. PORTUGUESE language edition published by Starlin Alta Editora e Consultoria Eireli, Copyright © 2024 by STARLIN ALTA EDITORA E CONSULTORIA LTDA.

Impresso no Brasil — 1ª Edição, 2024 — Edição revisada conforme o Acordo Ortográfico da Língua Portuguesa de 2009.

Dados Internacionais de Catalogação na Publicação (CIP) de acordo com ISBD

W1951 Wallach, Ari

Longpath: um Antídoto para o Imediatismo / Ari Wallach ; traduzido por Daniel Salgado. - Rio de Janeiro : Alta Cult, 2024.
192 p. : il. ; 15,7cm x 23cm.

Tradução de: Longpath
Inclui índice.
ISBN: 978-85-508-2329-4

1. Neurociência. 2. Psicologia. 3. História. 4. Teologia. 5. Evolutiva. 6. Tecnologias sociais. I. Salgado, Daniel. II. Título.

2024-225 CDD 612.8
CDU 612.8

Elaborado por Vagner Rodolfo da Silva - CRB-8/9410

Índice para catálogo sistemático:
1. Neurociência 612.8
2. Neurociência 612.8

Grupo Editorial Alta Books

Produção Editorial: Grupo Editorial Alta Books
Diretor Editorial: Anderson Vieira
Editor da Obra: Gorki Starlin
Vendas Governamentais: Cristiane Mutüs
Gerência Comercial: Claudio Lima
Gerência Marketing: Andréa Guatiello

Produtor Editorial: Thiê Alves
Tradução: Daniel Salgado
Copidesque: Bernardo Kallina
Revisão: Fernanda Lutfi; Maria Rodrigues
Diagramação: Natalia Curupana

ALTA BOOKS
GRUPO EDITORIAL

Rua Viúva Cláudio, 291 — Bairro Industrial do Jacaré
CEP: 20.970-031 — Rio de Janeiro (RJ)
Tels.: (21) 3278-8069 / 3278-8419
www.altabooks.com.br — altabooks@altabooks.com.br
Ouvidoria: ouvidoria@altabooks.com.br

Editora
afiliada à:

Este livro pertence a:

Nome: Data:

Eu me esforço para me tornar um grande ancestral para as gerações vindouras, mas, acima disso, espero ter sido um grande pai para meus filhos — Eliana, Ruby e Gideon.

Este livro é dedicado a vocês e a tudo que vocês são e eventualmente se tornarão.

Um dia, um homem chamado Choni estava caminhando e viu um homem plantando uma alfarrobeira. Choni perguntou-lhe: "Quantos anos levará até dar fruto?" Ele lhe disse: "Pelo menos setenta anos." Choni indagou: "Você realmente acredita que viverá mais setenta anos?" O homem respondeu: "Encontrei este mundo provido de alfarrobeiras e, como meus ancestrais as plantaram para mim, também as planto para meus descendentes."

— TALMUDE (TA'ANIT 23A)

Sumário

Prólogo

No coração da cidade de Roma, na Itália, fica o Coliseu. Até hoje, você pode visitar essa estrutura icônica, maravilhando-se com os milhões de pés cúbicos de travertino empilhados sem argamassa, que compõem sua imponente parede externa. Você pode ficar onde os gladiadores já estiveram e imaginar o entusiasmo de mais de 50 mil espectadores gritando ao mesmo tempo. Se você olhar para cima, poderá ver as barracas que abrigavam os membros da plateia, concluídas em 80 d.C. Muito provavelmente, as pessoas que lotavam aquelas arquibancadas vibravam sob um sol escaldante, comendo grão-de-bico e bebendo vinho enquanto esperavam pelo próximo espetáculo. Nos túneis abaixo, animais exóticos circulavam e guerreiros — muitos deles escravos ou criminosos — aguardavam seus destinos. O cheiro de sangue, suor e decomposição provavelmente permeava as entranhas do Coliseu, onde a linha entre a vida e a morte era extremamente tênue.

Podemos ir a esse espaço e ficar à sombra de imperadores e plebeus, de mulheres e homens vivendo suas vidas demasiado humanas. Medo e alegria, fome e satisfação, tensões e sonhos, tudo isso se entrelaçou nas experiências vividas por esses antigos romanos. Talvez você possa ver um pouco de si mesmo neles, ou notar alguns de seus legados presentes em sua própria vida.

Agora, imagine o ano 4020 d.C. Difícil de entender, mas é a mesma distância no tempo que a era dos gladiadores tem em relação ao ano de 2022, quando escrevi este texto. O que os habitantes e os visitantes da Roma atual veriam, então? O que eles imaginariam sobre nossas vidas hoje? Eles iriam visitar um estádio de futebol e imaginar o rugido dos torcedores? Eles pagariam uma taxa de entrada para ver os restos de uma scooter Vespa movida a gasolina? Será que iriam se maravilhar com simulações de disfunções de trânsito que levavam um motorista comum a perder 254 horas por ano, preso em uma caixa de metal com rodas? Iriam recriar receitas de sorvete "à maneira antiga"? Será que pizzas ainda seriam algo relevante? O que eles iriam pensar sobre os problemas da nossa época? Será que olhariam para os gráficos que mostram os aumentos extremos de temperatura ou seca e ficariam ressentidos, ou orgulhosos, de nossas ações? Eles conseguiriam imaginar o caos de uma pandemia global? E sentiriam confusão ou empatia em relação à nossa reação? Em um tempo que está mais próximo do que pensamos, nós seremos seu passado remoto, sua história. O que eles escreverão a nosso respeito?

Eu adoro considerar o tempo dessa maneira. Embora o Coliseu Romano seja um exemplo de grande escala, você pode criar quebra-cabeças com o tempo de maneiras que pareçam ainda mais próximas de você. Para aqueles que são da Geração X ou mais velhos, assim como eu, imaginem onde estavam no ano de 1990 — sobre o que pensavam? O que vocês vestiam? Que música vocês escutavam? Quais eram seus problemas mais prementes? Não parece tanto tempo atrás, certo? Agora, se fizermos uma matemática básica, posso dizer que hoje você está mais perto do ano de 2050 do que de 1990. Em 2050, eles estarão ouvindo o que você escuta como "top hits" do Spotify em um canal de "clássicos de ouro". Caso vocês ainda não saibam, o futuro inimaginável de ontem já está aqui.

O livro que vocês estão prestes a ler expandirá o tempo, seus cérebros e seus corações, para que possam se tornar os grandes ancestrais de que o futuro precisa. Juntos, vamos explorar como olhar para o tempo com uma perspectiva mais ampla, em conjunto com nossas forças emocionais e colaborativas, pode nos tornar grandes ancestrais e nos ajudar em nossas próprias vidas. Vamos olhar para o ano 4020 d.C. e imaginar que tipo de pessoas queremos que esteja habitando a Terra, no que elas estarão interessadas e como podemos ajudá-las a manifestar suas vidas da melhor forma ao estabelecer alguns alicerces hoje. Além disso, vamos aprender que este momento — este exato momento — é uma das melhores oportunidades que temos de causar um grande impacto na vida daqueles que estão por vir. Vamos começar.

CAPÍTULO 1 | VIVENDO

O que É o Longpath e Por que Precisamos Dele

Dê ouvidos e zele pelo bem-estar de todo o povo e tenha sempre em vista não apenas o presente, mas também as gerações vindouras, mesmo aquelas cujos rostos ainda estão sob a superfície do solo — o nascituro da futura nação.

— EXTRAÍDO DA *GRANDE LEI DA PAZ DOS HAUDENOSAUNEE*, DOCUMENTO DE FUNDAÇÃO DA CONFEDERAÇÃO IROQUESA

Você pode esperar que eu comece um livro intitulado *Longpath — Um Antídoto para o Imediatismo* com uma história sobre como toda jornada de 1.000km começa com um primeiro passo. Ou talvez você esperasse ler sobre a jornada de vinte anos para construir a Ferrovia Transcontinental conectando as costas leste e oeste dos Estados Unidos, ou o processo de duzentos anos de construção da Grande Muralha da China, ou talvez até mesmo algo sobre "moonshots". Quem sabe você espere um sermão sobre como precisamos realmente começar a agir sobre as mudanças climáticas, porque em breve haverá 1 bilhão de refugiados climáticos vagando pelo planeta em busca de abrigo e de água. Vou abordar tudo isso no momento certo, mas, verdade seja dita, a história do futuro da civilização humana geralmente começa com algo bastante inócuo. Por exemplo, o zumbido de um telefone.

Eu estava na cozinha preparando meu mundialmente famoso jantar de ovos de dragão (ovos mexidos com salsichas picadas e queijo) quando senti uma vibração em meu bolso. Foi uma notificação do aplicativo da nossa escola local. Minha filha de 12 anos, Ruby, tinha deixado de entregar sua tarefa de espanhol, que deveria ter sido entregue exatamente 12 segundos antes. Minha reação instantânea àquele zumbido, porém, levou centenas de milhares de anos para acontecer. Todo tipo de substâncias químicas e neurotransmissores começaram a disparar em meu cérebro. Raiva por ela ter perdido a tarefa, decerto, mas havia também vergonha (*que tipo de pai eu sou?*), medo (*se ela continuar assim, não entrará na faculdade que escolher*) e uma sensação profunda de que, ao fazer algo errado, eu havia perturbado os membros da tribo e seria "expulso" da caverna nesta noite, sendo forçado a me defender contra animais gigantes com presas enormes. Com tudo isso passando por minha mente e meu corpo, eu tinha uma escolha a fazer: surtar, perder a cabeça, gritar com Ruby ou fazer uma pausa... e seguir os princípios do Longpath.

O Longpath — uma mentalidade simples, mas profunda, que muda o pensamento do curto prazo para o longo prazo — me permitiu fazer aquela pausa de meio segundo e reconhecer a agitação dos produtos químicos e dos hormônios que se acumulavam rapidamente dentro de mim. E nessa pausa estão as centenas de milhares de anos que vieram antes daquele momento, as centenas de milhares de anos que viriam depois, e a consciência de que eu era apenas um elo em uma cadeia maior de existência. Eu era, à maneira de Carl Sagan, parte de um pálido ponto azul inserido em um universo em constante expansão no espaço-tempo. Meio segundo depois, percebi que o fato de Ruby saber o que significava *librería* não ditaria seu futuro ou o futuro da humanidade. O mais importante era não se preocupar com a tarefa perdida — isso seria resolvido mais tarde, depois que jantássemos e eu pudesse conversar com ela a respeito. O que importava era manter o equilíbrio de nossos estados mental e emocional conforme estávamos prestes a nos sentar em família — ritual no qual a forma como eu me conectava com meus entes queridos teria uma ramificação muito maior no futuro de Ruby do que um único dever de casa perdido.

E então, mais tarde, eu faria o mais importante: desativar aquelas notificações irritantes da escola da minha filha.

Todos nós temos momentos como esse — provavelmente com mais frequência do que imaginamos. Vivemos em um mundo de atualizações constantes, notificações e "notícias de última hora", e tudo isso conspira para aumentar nossos níveis de cortisol e de adrenalina, para provocar respostas de luta ou fuga em nosso sistema nervoso central e, se mal administradas, nos levam a uma espiral descendente rumo a uma pilha de destroços emocionais. Esse é o resultado do pensamento reacionário de curto prazo, que, embora valioso às vezes, pode transbordar se não for controlado. Perdemos de vista o todo — o que realmente importa para nós no contexto geral. O problema é que uma mentalidade de curto prazo (sendo mentalidade um conjunto de crenças que influenciam como você pensa, sente e se comporta) é constantemente acionada, seja por um e-mail de trabalho estressante tarde da noite ou pela culpa autoinfligida de um pai que sente que não está fazendo o suficiente por sua filha na aula de espanhol.

Essas experiências são o novo normal para muitos de nós, mas enfrentamos desafios que nos obrigam a ir além dessa forma de pensar e de agir. Há momentos em que precisamos ponderar para além do "agora", em algumas horas a partir de hoje, alguns dias, alguns anos, e até mesmo algumas gerações. A mentalidade Longpath funciona em parte para ajudar a aliviar nossas reações a momentos estressantes, fornecendo uma maneira de ver o mundo que cultiva o pensamento e o comportamento conscientes do futuro. O Longpath nos ajuda a começar a pensar e sentir mais à frente de nossa expectativa de vida individual e no impacto que teremos nas gerações futuras. E, sim, também no impacto que as gerações anteriores tiveram sobre nós. Mas o Longpath é mais do que um mantra, um lembrete utilitário de "pausa para a atenção plena!"

ou uma receita de cinco passos para um amanhã melhor. É uma maneira de se movimentar pelo mundo com o raciocínio correto. Isso nos ajuda a priorizar as coisas que realmente importam e a reconhecer aquilo que não é relevante. O Longpath é uma mentalidade, um modo de ser e uma abordagem para a vida e para o universo que busca a harmonia e a união com todas as outras coisas vivas e não vivas através do tempo e do espaço — tendo uma visão de 30 mil pés de altura *e* 30 mil anos no passado e no futuro. O Longpath nos lembra que fazemos parte de algo maior do que nós mesmos e que, embora nosso próprio tempo seja finito, precisamos nos tornar os grandes ancestrais que nossos descendentes precisam que sejamos.

Isso corre o risco de soar um tanto abstrato, mas o Longpath pode encontrar expressão em algo tão simples quanto uma pista de corrida. Minha amiga Michelle fazia parte da equipe que estava construindo uma nova pista de esportes e um estádio de futebol em sua cidade. Ela sentia muita pressão para terminar o projeto no prazo e dentro do orçamento. Quando um fornecedor veio até ela e explicou que havia um novo material de superfície de pista à base de milho que eles poderiam usar, Michelle estava prestes a rejeitá-lo. O material duraria cinco vezes mais e teria uma pegada de carbono menor em seu processo de fabricação, mas custaria muito mais e levaria muito mais tempo para ser instalado. Ela pensou nas críticas que teria que suportar caso concordasse e nos prazos de instalação e orçamentos que sua equipe teria que cumprir para garantir o bônus.

Espere um segundo, ela pensou. Qual é o objetivo final aqui? Ganhar um bônus ou construir um estádio que dure mais tempo, para que as próximas gerações não precisem começar tudo de novo? Um atraso e uma saída antecipada de fundos faziam muito mais sentido do que agilizar algo para que ela pudesse se livrar disso e causar uma boa impressão. Ela decidiu pelo menos dar uma chance para esses materiais de melhor qualidade.

Quando Michelle teve o impulso inicial de rejeitar o novo material, e quando eu tive meu próprio impulso inicial de brigar com Ruby por causa da tarefa de espanhol, estávamos fazendo o que os humanos fazem: afastando uma ameaça aparentemente imediata, tentando nos encaixar na tribo, visando proteger nossos interesses de curto prazo. Mas quando paramos e consideramos o contexto geral — e mais amplo —, e também nosso lugar dentro dele, estamos praticando o Longpath. Com tempo e prática, essa pausa para Michelle, para mim e, idealmente, para todos nós, será cada vez mais curta, até que o Longpath se torne nossa forma automática de pensar, de reagir e eventualmente de moldar o futuro.

Um Rabino Vai para West Point

Meu pai nasceu na Polônia e ficou órfão depois que os alemães assassinaram seus pais durante a Segunda Guerra Mundial. Ele, ainda adolescente, tornou-se um guerrilheiro da resistência nas florestas, e costumava dizer em seu inglês carregado de sotaque: "Se você esquecer o passado, não terá um futuro. Tudo que acontece amanhã começou ontem." Cresci com essa concepção de tempo, e meus filhos sabem que estão vivos hoje por causa das decisões que meu pai tomou de resistir e lutar durante a Segunda Guerra. Ele dizia que, para se vingar de Hitler, não queria apenas matar nazistas — queria ter filhos e netos.

A história do meu pai teve um grande impacto na minha vida, mas é apenas uma parte da minha herança. Minha mãe era uma artista excepcional, que estudou com o futurista, pensador sistêmico e aclamado engenheiro de design Buckminster Fuller. Um fim de semana típico da minha juventude seria em um museu de arte em São Francisco com minha mãe, conversando sobre a interação das cores, texturas e nuances presentes em uma escultura de Alexander Calder. Depois, íamos para casa, para o mundo do meu pai, onde assistíamos a filmes antigos da Segunda Guerra Mundial e era mais provável que discutíssemos os preceitos de poder de *A Arte da Guerra* de Sun Tzu do que as tonalidades de roxo presentes em um pôr do sol. Eu morava em uma casa que existia em tempos separados — um pai que, apesar de ser extremamente sociável e inteligente, nunca conseguiu escapar totalmente do trauma dos anos 1930 e 1940, vivendo no "que havia sido", e uma mãe moderna que vivia no "que poderia ser". Uma conversa típica de jantar, portanto, geralmente abrangia desde os anos 1920 até os anos 2120. E lá estava eu, no meio dessas duas realidades.

Como resultado dessa minha educação yin-yang, minha vida foi uma série de aparentes contradições. Deixei de querer frequentar a academia do Exército dos EUA em West Point para cursar Estudos de Paz e Conflito na UC Berkeley. Em um semestre, eu vivi em Washington, D.C. e dividia meus dias da semana entre trabalhar para a campanha de reeleição de Clinton-Gore e para o Instituto dos Estados Unidos para a Paz, depois passava minhas noites e meus fins de semana absorvendo os diálogos do filósofo indiano Krishnamurti. Após a formatura, percorria os dias criando estratégias para empresas pontocom* no Vale do Silício em plena expansão; já aos fins de semana, aprendia e meditava em Green Gulch, um centro Zen em Marin County.

Um padrão emergiu nessas experiências: seja mediando divergências como responsável pela resolução de conflitos no sistema habitacional cooperativo da UC Berkeley ou tentando ajudar uma empresa pontocom focada na liderança feminina, parecia que a

*N. da R.: Empresas de comercialização eletrônica que exploram o comércio de serviços ou produtos na internet.

maneira como pretendíamos resolver os problemas apenas tocava na superfície do que os obstáculos realmente eram. Uma discussão sobre os diretores da cozinha cooperativa gastando dinheiro em frutos do mar sofisticados, por exemplo, era menos sobre dólares ou um procedimento de tomada de decisão do que sobre os valores e as bagagens que todos traziam ao assunto de riqueza e privilégio. Uma empresa pontocom tentando apoiar as mulheres na liderança tinha tudo a ver com "kits de ferramentas brilhantes" e "dicas de RH", mas o verdadeiro contratempo — e, portanto, o verdadeiro apoio necessário — residia em um sistema patriarcal muito mais profundamente arraigado que não oferecia licença familiar, opções de assistência infantil de qualidade ou igualdade salarial. Em suma, os quadros de resolução de problemas aos quais nos acostumamos não levavam em conta o passado, o futuro ou os inúmeros fatores políticos, emocionais e psicológicos em jogo. Não é como se eu fosse o único a notar isso, mas todos nós — inclusive eu — nos sentíamos impotentes quando se tratava das questões mais importantes. Todos queríamos, ou pelo menos sentíamos que precisávamos, de soluções rápidas e de curto prazo apenas para poder "seguir em frente". E, assim, jogávamos damas ao passo que deveríamos estar jogando xadrez tridimensional.

Continuei a ver pessoas jogando o jogo errado, por assim dizer, ao longo da minha carreira. Em 2015, dirigi uma consultoria de negócios (no verdadeiro estilo yin-yang, no entanto, somente depois de considerar seriamente a escola rabínica) ajudando líderes nos âmbitos corporativo, filantrópico e governamental a pensar e agir estrategicamente. Cada vez mais, meus clientes buscavam criar impacto no aqui e agora, muitas vezes sem saber que isso era feito em detrimento das gerações futuras. Tal atitude atingiu um ápice quando eu estava em Genebra conversando com alguns dos principais pensadores e agentes do setor global de resposta aos refugiados. No momento em que os pressionei sobre o que deveríamos fazer em relação às futuras ondas de refugiados climáticos, eles responderam que não conseguiam pensar nisso porque a casa estava pegando fogo *agora*. Eles também explicaram que estavam sujeitos aos seus chefes, que não priorizavam o futuro (já que este não votava e não fazia doações!), e à constante pressão de um ciclo de notícias 24 horas sobre o que estavam fazendo naquele exato instante. Eles só tinham tantos anos restantes no trabalho e nesta terra, e só podiam fazer o que podiam fazer.

Continuei insistindo que, embora não pudéssemos sacrificar as necessidades da atualidade, tínhamos que encontrar uma maneira de olhar para o presente e para o futuro como um todo contínuo; caso contrário, estaríamos condenados a ser Sísifo, empurrando interminavelmente uma pedra colina acima apenas para vê-la rolar para baixo quando chegássemos ao topo. Eles me encararam sem expressão. Foi então que eu percebi que o pensamento de curto prazo e a separação entre os mundos empresarial e moral, claramente evidenciados nessa conversa, precisavam ser abordados antes que pudéssemos fazer qualquer mudança positiva e duradoura.

Uma variação da conversa ocorreu logo em seguida, na ocasião em que fui convidado para falar na Downing Street, nº 10, em Londres. Eu havia sido chamado ostensivamente para conversar com tomadores de decisão sobre inovação e como os governos poderiam atender melhor às necessidades de seus cidadãos no século XXI. No entanto, após essas reuniões perturbadoras em Genebra e outras semelhantes, decidi ajustar minhas observações no último minuto e falar sobre "como atender às necessidades dos cidadãos britânicos no século *XXII*". E não fui recebido com olhares vazios desta vez. O público entendeu minha mensagem, mas argumentou que nunca conseguiriam a adesão de seus constituintes. Os eleitores não se importariam com o futuro distante, porque foram treinados durante toda a vida para buscar resultados imediatos de seus governos — um subproduto do "ciclo de negócios" eleitoral, no qual você começa a concorrer à próxima eleição no dia seguinte após ganhar a última.

Meus críticos na Inglaterra não estavam errados. Um novo manual era necessário, um que oferecesse instruções sobre *como* todos nós — não apenas os líderes — poderíamos pensar sobre o mundo e nosso propósito nele de maneira diferente e *por que* isso é importante. Então, com o sucesso de uma palestra TED bem recebida, uma esposa muito compreensiva e alguns amigos próximos que acreditaram em mim, comecei o Longpath Labs. O Longpath Labs é uma iniciativa focada em levar a mentalidade e os comportamentos Longpath para pessoas, organizações e sociedades. Eu consegui levá-lo para a liderança de lugares como PBS, Facebook e Twitter, que demonstraram curiosidade sobre como poderiam aumentar a empatia e a saúde geral das conversas em suas comunidades ao longo do tempo. O Longpath Labs foi lançado oficialmente em 2016, quando comecei a fazer anotações para o livro que você tem em mãos.

Este é o livro que eu nasci para escrever: é o ponto culminante dos fios aparentemente dispersos da minha vida que parecem não se conectar. Sou considerado um futurista, mas, em vez de falar sobre previsões tecnológicas referentes ao mundo de amanhã, começo falando sobre o passado. Na maioria das vezes, o passado muito distante. Eu reúno várias disciplinas porque essa é exatamente a abordagem de que precisamos para enfrentar os problemas de hoje. Eu me baseio nos campos da neurociência, biologia evolutiva, arte, sistemas sociais, história, religião e psicologia. Talvez o mais significativo seja o fato de eu adotar uma abordagem que traz à tona *todas* as nossas habilidades e sentidos como seres humanos. Não precisamos apenas de nossos cérebros e músculos, precisamos de uma capacidade de autoconsciência, confiança, cooperação e uma mistura de visão ampla com ações de pequena escala. E deixe-me frisar o seguinte: não podemos, de forma alguma, falar sobre o futuro sem convidar a emoção, a intuição e a admiração de volta para nossas vidas e nossos processos de tomada de decisão. Temos que ser pessoas com um espectro amplo capazes de avançar, retroceder e olhar para dentro. É por isso que no centro da insígnia Longpath está o desenho de uma libélula. As libélulas não têm dois olhos, mas na verdade milhares de miniolhos que podem ver igualmente bem em todas as direções. A visão da libélula é um elemento central do estilo de vida Longpath.

Emoção: A Rainha do Xadrez Tridimensional

Voltemos por um momento à minha amiga Michelle. Ela estava prestes a rejeitar o material que era melhor e mais resistente para o estádio esportivo baseando-se apenas nos números que seu cérebro analítico conseguia processar. Contudo, sua decisão teve influências emocionais: e quanto ao fato de ela não querer sentir que havia falhado com sua equipe? Ou o desconforto na boca do estômago por estar priorizando o benefício imediato de alguns em detrimento do benefício de longo prazo para muitos? Pode ser que, depois de convidar seu lado emocional para a discussão, ela desse mais peso às análises. Afinal, vivemos em um mundo onde as compensações às vezes são necessárias. Mas não era seu impulso sequer *consultar* seus sentimentos ou suas motivações sobre o assunto. Quando se trata de muitas de nossas decisões, os sentimentos são considerados, na melhor das hipóteses, irrelevantes e, na pior, contraproducentes. E, assim, há muito tempo os afastamos.

A marginalização dos sentimentos não é novidade na cultura ocidental.

Na Grécia antiga, os estoicos fizeram da supressão das emoções uma forma de arte. Aristóteles, o avô do método científico, certa vez descreveu as paixões como obstáculos caprichosos e perigosos no caminho para nos tornarmos seres humanos completos. Mas acredito que seja justo dizer que o "sentimento" realmente caiu em desuso durante o Iluminismo, ou a Idade da Razão, quando o filósofo René Descartes decidiu separar mente e corpo, e a "racionalidade acima de tudo" se solidificou na consciência ocidental. Lembre-se, Descartes escreveu *penso, logo existo* e não *sinto, logo existo*! Também havia grandes filósofos como Immanuel Kant, que proclamava que nada era superior à razão, e Thomas Paine, que desprezava qualquer debate fora do âmbito da razão como o equivalente a dar remédio para os mortos. *Outch*. A racionalidade era o bilhete de ouro. Francis Bacon, que desempenhou um papel fundamental no avanço do método científico, escreveu um dia: "É impossível amar e ser sábio." Até mesmo os poetas foram levados para o lado racional, como Alexander Pope recitou:

> *A natureza e suas leis escondiam-se nas trevas;*
> *E Deus disse: "Faça-se Newton!" E tudo se iluminou.*

Para ser justo, muitas coisas boas vieram do foco no progresso científico e no quantificável, sem os quais muitos de nós não estaríamos aqui. Eu mesmo provavelmente não teria sobrevivido a uma apendicite aguda aos 18 anos sem os avanços médicos que podem ser atribuídos ao Iluminismo. Mas, de alguma forma, nos livramos de algo ruim jogando fora algo bom, descartando todo o respeito por nossas vidas emocionais. As emoções e o "ser emocional" passaram a ser vistos, da mesma forma que nosso apêndice, como órgãos não essenciais. As culturas ocidentais adotaram crenças que nos levaram a sufocar os atributos dentro de nós que são socialmente atribuídos ao feminino — coisas que fomos condicionados a ver como inferiores — como a empatia, a compaixão e a intuição. Nossos heróis, reais ou imaginários, eram personagens como Sherlock Holmes, Charles Lindbergh e Napoleão Bonaparte — homens geralmente analíticos, estoicos e aparentemente desprovidos de emoção. Além do mais, qualquer pessoa que demonstrasse emoções intensas (geralmente mulheres) era diagnosticada clinicamente como "histérica". (*Histeria*, na verdade, deriva da palavra grega para "útero".) Chegamos ao ponto de nomear um grupo inteiro de pessoas — nascidas durante a Grande Depressão e a Segunda Guerra Mundial — como a "Geração Silenciosa", porque seu trauma emocional coletivo não tinha meios para se expressar. Mais recentemente, vimos uma empresa de marketing norte-americana criando um "teste do floco de neve" para eliminar candidatos excessivamente sensíveis e também adesivos de para-choque anunciando: "Ninguém se importa. Trabalhe mais."

Isso simplesmente não serve para os tempos que enfrentamos, os quais exigirão que recorramos a todas as nossas faculdades. Se desconsiderarmos as emoções, seremos como o Batman indo para um tiroteio apenas com seu batarangue. Muitos sabem que, quando combinado com a Mulher-Maravilha e seu laço da verdade, essa dupla dinâmica é imbatível, muito maior do que a mera soma de suas partes.

É por isso que o Longpath traz as emoções de volta ao foco. Porque, embora o pensamento futurista da ficção científica seja legal, o que realmente impulsionará a ação para criar o mundo que queremos na realidade é como essa visão permite que você se sinta. As emoções são atalhos que podem ser aproveitados para nos guiar em direção a escolhas racionais e ações cooperativas. Elas podem ser voltadas para o pensamento e o comportamento de longo prazo, como também são essenciais se quisermos imaginar um futuro possível. A empatia — nossa conexão com os pensamentos, as emoções e o bem-estar de outras pessoas — nos motiva a agir positivamente em nome dos outros. Portanto — e abordarei isso mais detalhadamente nos próximos capítulos —, ainda que seja útil pensar em poupar para a aposentadoria, perceber e sentir verdadeiramente as emoções de contentamento de viver uma vida de aposentado digna é o que o ajudará a realmente economizar dinheiro. A racionalidade fria pode ajudá-lo a vencer uma discussão com seu cônjuge, mas inclinar-se aos sentimentos que você deseja ter com seu parceiro ao longo das próximas décadas lhe auxilia a repensar o que realmente significa "ganhar" a discussão. As emoções são parte integrante do Longpath, e você perceberá que eu volto a elas repetidamente ao longo do livro. Observe que as emoções não são boas ou ruins: o objetivo é usá-las de forma produtiva e sábia.

Também quero fazer uma pausa aqui por um momento para reconhecer que é preciso um enorme privilégio para *poder* pensar dessa maneira. Aqueles que vivem à margem, que estão a uma doença ou falta de pagamento de perder o acesso à segurança básica, ou que vivem em condições opressivas, muitas vezes estão ocupados demais sobrevivendo para pensar além da próxima refeição ou de como evitar abusos iminentes. A decisão correta geralmente é aquela que os leva para o dia seguinte. Mas mesmo aqueles que foram historicamente excluídos de influenciar o futuro podem aprender a adotar o Longpath. Você não precisa ser um mestre do xadrez tridimensional para aprender os movimentos básicos. Na verdade, tenho certeza de que você pode pensar em inúmeras histórias de ações feitas por alguém que vive no limite em nome do amor à sua família ou comunidade. Eles se conectam às suas emoções, se aprofundam e tomam medidas em direção a um futuro melhor para si e para aqueles que virão. É a base do Longpath — uma habilidade de adaptação e resiliência emocional, grande ou pequena, que pode beneficiar não apenas uma pessoa ou geração, mas o futuro em geral. Além disso, esse tipo de altruísmo e conexão emocional tem o potencial de causar impactos exponenciais e sistêmicos durante períodos históricos de caos e complexidade — um dos quais estamos vivendo agora.

Intertidais: Por que Precisamos do Longpath Mais do que Nunca

No fim do verão de 2020, cinco meses após o início da pandemia do coronavírus, minha família decidiu de última hora fugir por uma semana. As brigas entre meus três filhos aumentavam a cada dia e estávamos todos lidando com a síndrome do isolamento. As crianças precisavam de uma infusão de natureza e uma extrusão das caminhadas pelo quarteirão, que já haviam se tornado tão rotineiras que eles memorizaram o número de pedras e de árvores nos jardins dos vizinhos — e, de forma alarmante, começaram a nomeá-las. Encontramos uma oferta de última hora para passarmos uma semana em uma casa de praia, e decidimos aproveitar.

Na nossa primeira noite, nós cinco ficamos juntos na beira do oceano. Conforme as ondas vinham, a água roçava nossos tornozelos. À medida que recuavam, a areia se movia sob nossos pés. Como qualquer um que já esteve em uma praia sabe, é uma sensação estranha. Você continua em pé, mas há uma instabilidade. A areia sob você está cedendo, mas você não parece estar se movendo. Sua mácula, um pequeno feixe de pelos envolto em cristais de cálcio localizado em seu ouvido interno e responsável pelo seu senso de equilíbrio, está lhe dizendo que algo está acontecendo, algo está se movendo. Mas, quando você olha para os seus pés, não necessariamente enxerga isso.

A areia sendo levada pelas águas foi um momento de equilíbrio pontuado — uma mudança rápida após um longo período de estabilidade — e uma analogia perfeita para como todos estávamos nos sentindo naquele verão. Na verdade, era assim que todos nós nos sentíamos nos últimos anos. Até meu filho de 8 anos, Gideon, estava perfeitamente ciente de que sua antiga vida de acampamentos, escola, encontros para brincar e férias prolongadas em família havia desaparecido. Seria substituída por outra coisa — talvez até melhor —, mas o quê?

A experiência humana é assim — ela muda e flui o tempo todo,

mas eventualmente parece haver uma explosão de transformação radical que acontece de uma só vez e em várias frentes diferentes. Em uma escala histórica grandiosa, houve alguns períodos de transição dramática que não apenas marcaram mudanças em nossos comportamentos e ambientes, mas também redefiniram os padrões de como pensamos e operamos como seres humanos — períodos como a Revolução Agrícola, a Idade Média, a Revolução Científica, o Iluminismo, a Era Industrial. Ah, e a *atualidade.*

Eu chamo esses períodos de mudança de *intertidais.* Uma zona intertidal, quando se fala sobre o oceano, é um lugar intermediário onde este encontra a terra que às vezes está debaixo d'água, às vezes está exposta ao ar entre as marés baixa e alta. É um lugar de bastante criatividade e perigo. As cracas sobrevivem ancorando-se nas rochas para obter estabilidade, e os mexilhões retêm água do mar em suas conchas para evitar que sequem durante as marés baixas. Nem todo organismo consegue se adaptar ou acompanhar essas mudanças constantes, e por isso uma zona intertidal é considerada um ecossistema extremo.

É desse modo que o Longpath é tão importante agora: estamos no meio de um período entre marés de rápidas transformações. Ao nosso redor, vemos que velhas formas de ser e de agir já não funcionam. Em todo o mundo, nas instituições de mídia, religião, governo, negócios e ONGs, as interações complexas aumentaram, mas a confiança caiu para mínimos históricos.[1] Desafios globais como mudanças climáticas, pandemias, crises financeiras e disrupções tecnológicas estão explodindo por toda a parte e se encontram em rota de colisão com estruturas geopolíticas e cidadãos fragmentados.[2] Cerca de 150 milhões de pessoas saíram da classe média global em 2021, a primeira vez que esse grupo demográfico encolheu desde a década de 1990.[3] Enquanto antes tínhamos como certo que a geração seguinte estaria em uma situação melhor do que a nossa, as pessoas cada vez mais sentem que elas e suas famílias estarão em uma situação pior em cinco anos.[4] A *forma* como trabalhamos mudou, com um terço da força de trabalho norte-americana agora participando da economia GIG e a automação se infiltrando em quase todos os setores.[5] Temos até a capacidade de editar nosso código genético agora de uma forma que seja transmitida para nossos filhos e netos — mas não estamos discutindo isso fora das páginas do *The Atlantic* ou dos retiros em montanhas de líderes do pensamento.

Enquanto isso, também vemos surgir formas novas e positivas de pensar, agir, comportar-se e organizar. Temos sites como o Buy Nothing, que endossam um tipo diferente e circular de economia não consumista, e movimentos sociais de massa desafiando os legados ativos e residuais da supremacia branca, do colonialismo e do patriarcado na sociedade. Vemos pessoas antes desconectadas se unindo para financiar microcréditos, projetos criativos ou despesas médicas de uma família. Mas essas dinâmicas emergentes ainda são incipientes, muitas vezes dispersas e parecem suscetíveis a colapsos em tempos de rápida evolução. Em outras palavras, os velhos jeitos estão morrendo de modo violento, mas os novos ainda estão em processo de nascimento, e estar no meio disso pode ser desafiador. Mas é nesse meio-termo que se encontra toda a energia criativa — e, para aqueles de nós que querem ir além de quem somos enquanto seres humanos, é a nossa hora de brilhar.

Diversas pessoas me perguntam o que torna um intertidal especial e por que deveriam se importar. Experimentamos pequenas mudanças de paradigma o tempo todo dentro de uma determinada indústria ou cultura (a imprensa, o Modelo T, a ascensão dos direitos civis, a derrubada dos muros da Guerra Fria, a internet), mas a vida parece continuar com algum grau de normalidade. Um intertidal ocorre quando essas mudanças de paradigma são intensificadas e entrelaçadas, uma vez que o grau de complexidade e confusão em nossas vidas aumenta drasticamente e, o mais importante, as ideias subjacentes, as narrativas e as regras do que significa ser humano são questionadas.[6]

Intertidais nem sempre são provocados por um colapso. São grandes mudanças que podem ser ocasionadas por fatores como crescimento populacional (porque estamos vivendo mais), migração, urbanização, mudanças climáticas e mortes, tudo em massa. Quando olhamos para o momento presente, podemos verificar todas essas condições na lista de verificação de intertidais. A tecnologia geralmente não entra nessa lista porque não costuma causar transformações; ela apenas se adapta e as acelera. Porém, eu diria que a exceção é agora. Tecnologias como CRISPR, implantes cerebrais aprimorados por IA ou úteros artificiais têm o potencial de mudar fundamentalmente o que entendemos por *Homo sapiens*. Não estamos experimentando um tremor intertidal — em outras palavras, o que temos aqui é um terremoto. E este pode ser o maior de todos. O que acontecer a seguir determinará o destino de toda a espécie.

Momentos de desordem como esses oferecem uma oportunidade distinta de transformação se, como as cracas e os mexilhões que prosperam em uma zona intertidal oceânica, soubermos usar todas as nossas faculdades. O teórico da complexidade vencedor do Prêmio Nobel, Ilya Prigogine, descobriu que, quando os sistemas estão em seu estado mais caótico, eles têm a capacidade de mudar repentinamente para um grau extremamente alto de ordem e equilíbrio.[7] Pequenas mudanças podem ter grandes efeitos. Pense nisso como uma murmuração, onde os pássaros que estão espalhados por todos os lados de repente se reúnem em uma formação organizada com graciosidade e propósito. Esse momento intertidal, no qual nossas normas e narrativas de longa data estão sendo questionadas, pode ser o terreno fértil para um pensamento e um comportamento humanos exponencialmente evoluídos. Podemos navegar por esse momento de caos e construir sociedades que apreciem o florescimento humano e ecológico. Mas isso não é uma conclusão precipitada de que conseguiremos fazê-lo.

Há cerca de 12 mil anos, ocorreu um evento intertidal significativo: a primeira Revolução Agrícola. O clima se estabilizou e os humanos começaram a trabalhar com a terra ao seu redor, o que significava que eles permaneceram em um só lugar e, com o tempo, passaram a surgir as primeiras civilizações "reais". Os humanos se adaptaram e criaram maneiras mais desenvolvidas e complexas de ser e de perceber — eles deram um *upgrade* no sistema operacional da nossa espécie. Nossos ancestrais da Era Agrícola passaram de visões de mundo construídas sobre as experiências de pequenos grupos de caçadores e coletores ("mantenha-se em movimento, comendo e faça o possível para se manter vivo!") para novas realidades informadas pela vida em grupos sociais cada vez maiores, incluindo a necessidade de regras, sistemas e narrativas orientadoras (Olá, Deus!) a fim de gerenciar esse crescimento. Esse período intertidal levou a um modo de vida evoluído. (Embora se possa argumentar que cubículos talvez não sejam tão evoluídos, eu defenderei a invenção da penicilina e o direito de voto das minhas filhas a qualquer momento.)

Mas mudar para melhor não é um resultado garantido para os intertidais. Quando o poderoso Império Romano entrou em colapso, por exemplo, a civilização ocidental mergulhou no caos. Se olharmos de perto, podemos ver que isso já vinha se anunciando há algum tempo. Um período climático favorável chegou ao fim, pressões ecológicas forçaram grupos estrangeiros como os Godos e os Hunos a invadir territórios, pragas e doenças infecciosas mataram pessoas em taxas surpreendentes, a infertilidade tornou-se uma enorme barreira para a recuperação dos números populacionais, o solo foi esgotado e os despojos econômicos e os saques de terras estrangeiras secaram à medida que as expansões militares desaceleraram.[8] E, como é o caso nesses períodos de desordem, muitas pessoas buscaram uma voz forte — com uma história convincente e abrangente — para preencher o vazio deixado pela incerteza. Em tal episódio, a Igreja Romana interveio. De uma perspectiva civilizacional, o domínio da Igreja (estou falando de poder e política aqui; não de teologia) marcou uma enorme contração — o início da Idade Média. Isso é o que acontece quando os intertidais vão mal, quando as pessoas não reivindicam, ou não conseguem reivindicar, todas as suas forças como cocriadores no que vem em seguida.

Então, para que lado vamos agora? Vamos nos separar, como depois da queda de Roma, ou ajudar uns aos outros, como durante a Revolução Agrícola? Desde o fim da Idade Média, nossa história subjacente tem sido que os humanos podem conhecer, navegar, prever, controlar e colonizar o mundo e o futuro se alavancarem o conhecimento certo para o que é considerado como "progresso" pelas pessoas daquela época. Qual será a nossa nova história? Podemos construir uma de progresso que abrace um objetivo inclusivo, psicologicamente evoluído e ecológico, que, por sua própria natureza, conecte as gerações futuras com o que elas precisam para prosperar? Simplificando, podemos *nos* tornar melhores? É possível sermos os grandes ancestrais que as gerações futuras precisam?

MINHA ESPERANÇA É QUE ESTE LIVRO possa servir como as bíblias familiares têm servido por séculos. Enquanto as bíblias costumam registrar datas de nascimento, casamento e morte, minha esperança é que você possa usar este livro para registrar seus valores, arrependimentos e aspirações para seus descendentes. Você pode responder às perguntas que faço ao longo do livro nas páginas de diário. Você pode transformá-lo em um manual geracional para sua família ou, se estiver lendo isto em sua mesa de escritório, por que não assinar seu nome e entregá-lo para a próxima pessoa que ocupará seu cargo no futuro?

Para começar, observe que o escopo e a escala do intertidal podem ser difíceis de entender, sem mencionar seus sentimentos. Vamos tentar reduzir um pouco as coisas. Pense em uma grande transformação em sua vida que teve um "antes", um "depois" e um "espaço entre" indefinido. Talvez tenha sido o nascimento de um filho, a mudança para uma nova cidade, um acidente, uma doença grave ou a morte de uma pessoa importante para você. Como foi ter seu mundo virado de cabeça para baixo? Quanto tempo você passou em negação ou evitando a situação? Você achou fácil ou difícil se adaptar à sua nova compreensão de mundo e ao seu lugar nele? Do que você teve que abrir mão? O que você descobriu? Você já se sentiu resistente? Se sentiu assustado ou animado? Foi doloroso, alegre ou entorpecedor? Você experimentou sentimentos ou ideias conflitantes que pareciam igualmente verdadeiros ao mesmo tempo? O que ajudou você a lidar com isso? As pessoas tentaram lhe dar "conselhos de especialistas" mesmo sem saber o que você estava passando? Toda a turbulência finalmente se estabilizou em novos padrões e hábitos? Você ajudou a determinar quais seriam suas novas normas? Esse "novo normal" foi saudável ou prejudicial para você? E para aqueles ao seu redor? Há algo que você poderia fazer melhor se tivesse que passar por tudo isso novamente?

Agora, imagine que todo mundo que você conhece (e não conhece) esteja passando por muitos eventos importantes na vida simultaneamente (mesmo que não queiram admitir) e que a maneira como essas pessoas lidam com tais mudanças terá repercussões e definirá o cenário para as gerações vindouras. Uau, certo? Bem-vindo ao intertidal.

A Escolha que Enfrentamos Agora

Aqui estamos, cada um de nós, descalços e vulneráveis, na zona intertidal. Há dois caminhos a seguir: um que agrada ao nosso eu reativo de curto prazo (*isso é desconfortável, me tire daqui!*) e outro que agrada ao nosso pensamento empático de longo prazo (*isso é desconfortável, vamos descobrir como evitar esse sofrimento agora e no futuro*). O primeiro é caracterizado pelo sistema límbico do nosso cérebro, que controla a amígdala, o centro da nossa resposta ao medo, e neurotransmissores como a dopamina, parte do conjunto de recompensa do cérebro. É por causa do sistema límbico que sentimos uma descarga de adrenalina quando alguém nos ameaça, que saltamos a cada notificação de nossos smartphones, tal como os cães de Pavlov, e que temos dificuldades em conectar ideias grandes, como as mudanças climáticas, às nossas pequenas decisões cotidianas que contribuem para elas. O pensamento de curto prazo é necessário, mas não o tempo todo. A chave é saber quando interrompê-lo.

Logo após, o segundo caminho é o reconhecimento de que, embora nossos cérebros estejam programados para lutar ou fugir, eles também estão preparados para a cooperação e a prospecção (ou seja, pensar adiante). Os seres humanos tendem a prosperar em ambientes sociais e colaborativos, e somos capazes de conceber e de nos preparar para cenários futuros. Cooperação e prospecção são nossos superpoderes. Por trás deles está um padrão diferente de compreensão: empatia e pensamento de longo prazo. Somos capazes de imaginar e de conversar sobre o que queremos, para onde estamos indo e como chegar lá.

Para aproveitar esses superpoderes, precisamos de uma nova história coletiva e democrática, pautada em uma estrutura e uma visão de onde — e quem — queremos ser. A narrativa cultural atual prioriza o imediato e o reativo, sem ter um objetivo final claro. No entanto, para reimaginar nossos papéis dentro do todo maior — tanto de outros seres quanto dos companheiros humanos agora e das gerações futuras — devemos nos perguntar: para onde estamos indo? Costumo responder a essa pergunta pensando no simbolismo da Terra Santa na história do Êxodo: quando os hebreus deixaram o Egito e vagaram pelo deserto, a visão de uma terra que manava leite e mel, uma Terra Santa por vir, os manteve seguindo em frente. Onde, ou o que, é a nossa Terra Santa? É apenas um lugar, ou será também uma forma de ser? Precisamos lidar, juntos, com essas questões sobre o futuro que queremos — em oposição àquele que simplesmente se impõe sobre nós.

Necessitamos nos concentrar em uma visão de futuro que esteja relacionada principalmente com os seres humanos que queremos ser — uma forma de ser e sentir no mundo que propagamos por meio de nossas ações cotidianas, de maneira pró-social e intergeracional. É possível instilar um senso de significado e propósito nos outros e no mundo por meio de nosso comportamento e de nossas decisões. Tenho três filhos — Ruby, Eliana e Gideon — e, estimando o número médio de filhos em cada geração, posso ter cerca de 8 mil descendentes daqui a 200 anos.[9] *Oito mil* seres com uma porção de mim — e digo isso em um sentido amplo — dentro deles, e eles farão suas próprias contribuições para este mundo. Não é que eu ache que algo que eu diga ou faça em casa em uma noite de terça-feira irá ditar diretamente as ações do meu tataraneto em uma noite de terça-feira em 2154. Mas isso desempenha um papel significativo em termos de como moldamos o futuro próximo, e até o distante. Estou transmitindo valores importantes, processos de pensamento, respostas ao estresse, habilidades de comunicação e abordagens de solução de problemas que, juntos, meus filhos irão absorver, guiando suas próprias decisões e interações com os outros. Resumindo, ao se tratar do quadro geral, como eu me apresento para meus filhos é algo que importa.

Da mesma forma, como votamos, onde gastamos nosso dinheiro, quais decisões tomamos na sala de estar, no escritório, nas reuniões e até mesmo no quarto, tudo isso é relevante. A maneira como agimos em nossos encontros com amigos, colegas de trabalho e até mesmo estranhos, tudo isso tem significado. O modo como cumprimentamos os outros, como reagimos durante uma discussão com nosso parceiro e até mesmo como ouvimos aquela voz em nossa cabeça impacta não apenas o presente, mas também as pessoas daqui a milhares de anos. Você provavelmente já ouviu falar da teoria do caos, que afirma que pequenas ondulações — até mesmo o bater de asas de uma borboleta — podem ter grandes efeitos em padrões climáticos a milhares de quilômetros de distância. Eu argumento que o mesmo é verdadeiro a nível individual e ao longo do tempo. Podemos aproveitar essa crença de que pequenas ações têm grandes efeitos; podemos ser intencionais a esse respeito.

Tudo se resume ao fato de que temos algumas decisões a tomar. Queremos permanecer com o pensamento e a ação de curto prazo, controlados pela amígdala, que representam tanto de nossa abordagem de vida hoje? Vamos seguir vivendo nossas vidas sem nos importar com mais nada? Há alguns — vários, na verdade — que responderão sim a essas perguntas. Eles não se interessam muito pelo destino da humanidade como um todo, porque seu tempo já terá passado. Embora eu não deseje mal a essas pessoas, provavelmente este livro não é para elas. Este livro com certeza também não é para aqueles que querem ver nossa transição do corpo humano, com todas as suas fraquezas, para algo mais "siliconado", uma versão da humanidade que possa ser instalada e existir apenas na nuvem. Na verdade, são as falhas, as emoções, os defeitos (literais e figurativos) que nos tornam quem somos em toda a nossa imperfeição. Se fôssemos seres estabelecidos e demasiado perfeitos, que graça isso teria?

A maioria de nós, no entanto, não descarta a importância das gerações futuras e não quer ser "siliconada". Em vez disso, queremos ter a sensação de que fazemos parte de algo muito maior — e, de fato, pesquisas mostram que é isso que nos deixa mais satisfeitos com nossas vidas. Por exemplo, em um estudo com 132 países, aqueles com o maior senso de propósito também apresentaram as taxas mais altas de religiosidade.[10] Entretanto, as religiões têm perdido popularidade. A porcentagem daqueles que não têm afiliação religiosa — conhecidos como "Nenhuma" pela forma como marcam pesquisas sobre suas crenças — está no nível mais alto de todos os tempos. Quase metade dos jovens adultos (de 18 a 24 anos) não tem nenhuma afiliação religiosa. Porém, todos nós, mesmo os "sem igreja", temos dúvidas sobre o significado e as grandes questões da vida. O problema é que, quando não temos as mesmas estruturas compartilhadas ou os textos religiosos que costumávamos ter, lutamos para compreender e processar grandes ideias como ética e propósito. Então, para onde nos voltamos com o intuito de entender nosso papel no contexto mais amplo?

O Longpath pode ser uma história comum tanto para religiosos quanto para não religiosos. Pode ser uma estrutura para uma evolução social consciente, que trata de nos conhecermos e nos enxergarmos dentro de uma narrativa muito maior. E, nesse processo, pode nos dar consolo e uma sensação de segurança psicológica em tempos difíceis. O Longpath oferece um senso de propósito ao imaginar coletivamente uma nova visão da "terra do leite e do mel" que possa nutrir você hoje e também as gerações por vir, e você pode começar sua jornada neste exato segundo. Isso nos dá um senso de significado em nossa própria vida e na maneira como afetamos os outros, porque enfatiza uma verdade crucial: como você cuida deste momento — agora mesmo — importa. Importa hoje, amanhã e, sim, daqui a milhares de anos.

Para começar, precisamos reaprender algumas coisas. Porque nossos velhos hábitos, como você verá no próximo capítulo, simplesmente não funcionarão mais.

CAPÍTULO 2 | MUDANDO

O que Funcionava até Então Não Funcionará Mais

A maior revolução da nossa geração é a descoberta de que os seres humanos, ao mudarem as atitudes internas de suas mentes, podem mudar os aspectos externos de suas vidas.

— WILLIAM JAMES

Como consultor de grandes instituições, desde as Nações Unidas até o Facebook, eu costumava me sentar com as pessoas e dizer: "Vamos conversar sobre o seu futuro", e elas respondiam: "Ótimo, estou disposto a pensar no longo prazo — talvez até daqui a oito meses!" Para que você não pense que essas pessoas são atípicas, tente ir mais fundo e ver que a resposta delas é bastante comum.[1] Essas não são pessoas ruins ou pouco inteligentes. São apenas seres humanos vivendo em um sistema que recompensa o curto prazo: um impulso para buscar soluções e recompensas rápidas.

Somos todos culpados pelo imediatismo. Por exemplo, digamos que você queira comprar uma casa. Seu corretor de imóveis mostra a você um novo empreendimento onde a construção é sólida e as escolas do bairro são excelentes. Você é conquistado pelo grande quintal e pela imponente varanda da frente e fica feliz por poder pagar por isso. Sua oferta é aceita e você se muda. Alguns anos depois, acontece uma grande tempestade e sua casa corre o risco de ser inundada. Você coloca o maior número possível de sacos de areia no caminho para impedir que a água suba. Mas isso não resolve o problema mais profundo, que é o fato de que sua casa foi construída em uma área propensa a enchentes (por que o empreendimento foi autorizado a ser construído lá em primeiro lugar?), ou que o aquecimento global está colocando sua casa em risco, não apenas hoje, mas nas próximas séries — ou melhor, *décadas* — de tempestades. Ainda assim, os sacos de areia funcionam, sua casa é salva e você esquece o problema até a próxima tempestade. Eu chamo isso de estratégia dos sacos de areia, e as pessoas — inclusive eu — a usam em todos os lugares. ("Gideon, termine seu brócolis se quiser comer sobremesa!" "Ei, Sra. CEO, recompre essas ações para aumentar o preço delas. Seu bônus aumentará, não importa o que isso signifique para o investimento de longo prazo em seus funcionários!")

Esse cenário destaca as muitas camadas do imediatismo que trabalham contra nós. Os obstáculos que enfrentamos como humanos acontecem no nível neurológico ("Serei feliz se morar nesta casa linda e reluzente!"), no nível social ("Como adulto, eu realmente deveria ter uma casa.") e no nível dos sistemas que criamos ao nosso redor ("As escolas neste bairro são ótimas, então, se eu comprar aqui, meu filho terá notas mais altas."). Mas, durante todo esse processo de compra e salvamento da casa, você não percebeu tudo o que estava acontecendo abaixo da superfície. Na verdade, algo entre 80% a 95% das nossas decisões são tomadas dessa maneira, e temos que reconhecer essa verdade antes de fazer qualquer outra coisa.[2] No entanto, o curto prazo não é exatamente uma questão atraente para se chamar a atenção. Não há marchas para acabar com o imediatismo, ou pulseiras mostrando sua solidariedade com o Longpath. Nenhuma celebridade vai adotar essa causa, porque todos nós somos culpados disso de uma forma ou de outra, e ninguém quer ser chamado de hipócrita. Mas, como este capítulo e os próximos mostram, não precisamos ser perfeitos para enfrentar a visão de curto prazo ou começar a construir futuros melhores. Falhos como somos, ainda podemos lutar para nos tornar humanos mais satisfatórios e criar uma humanidade ideal.

Nossas Mentes de Curto Prazo

Há uma razão pela qual muitas vezes pensamos a curto prazo: embora vivamos em uma época com a proposta narrativa de que "os humanos herdarão a terra e terão domínio sobre a natureza", somos todos — cada um de nós — basicamente macacos muito evoluídos. Isso significa que existem obstáculos biológicos à nossa frente enquanto buscamos uma mudança de pensamento e atuação de curto para o longo prazo. Entender isso nos ajudará a reconhecer alguns de nossos instintos, mas também o que somos capazes quando superamos esses hábitos antigos e começamos a cultivar novos processos de pensamento.

Em algum nível, o curto prazo é uma coisa boa, uma resposta que nossos ancestrais caçadores-coletores precisavam para sobreviver. Se você estivesse caminhando há 30 mil anos e visse um monte de frutas, não comeria apenas algumas e presumiria que outras eventualmente apareceriam. Você comeria tudo o que seu estômago pudesse aguentar, porque em um nível instintivo você entenderia que precisava tirar vantagem imediata do que estava à sua frente.

Portanto, não é que o curto prazo seja um vilão absoluto. Os problemas surgem no momento em que começamos a construir estruturas de incentivo para que continuemos com ele em nossa vida diária às custas de nosso eu futuro e — talvez o mais importante — às custas das gerações futuras. Os problemas se expandem, visto que os intertidais aumentam nossos impulsos de curto prazo. Lembre-se de que uma marca registrada desses períodos caóticos é a quebra dos sistemas — e, quando realmente nos sentimos fora de controle, buscamos segurança imediata. Queremos nos sentir estáveis. Portanto, buscamos quaisquer soluções de curtíssimo período que forneçam isso. Fugimos do tigre em vez de parar para ler o livro *O que Fazer Quando Perseguido por um Tigre*. Permitimos que a programação que nos impeliu a pegar as frutas na Serengeti conduza todas as nossas decisões.

Nossas tendências de curto prazo estão piorando, e não apenas porque estamos em um período intertidal — também estamos presos em uma roda de hamster de "presentismo". Acontece que sou amigo e vizinho de Douglas Rushkoff, que escreve sobre esse fenômeno — entre outros tópicos — como meio de vida. Ao passo que a maioria dos vizinhos fica comparando gramados, Douglas e eu nos preocupamos se a piscina de plástico que construímos para nossos filhos compartilharem durante o verão pandêmico durará mais que a civilização, e se o ato de comprar a piscina propriamente acelera esse fim. O presentismo, Douglas costuma dizer, é o que vem depois do futurismo. "Enquanto passamos um século ou mais olhando para o futuro", escreveu ele, "viciados em crescimento e especulando sobre o que poderia vir a seguir, agora estamos em uma era que enfatiza o presente. O aqui e agora".[3] Ele não está se referindo à compreensão budista do aqui e agora, mas sim a uma versão da sala de espelhos, onde tudo acontece ao mesmo tempo, no agora, e onde não há história ou futuro. E ainda mais insidioso é como o presentismo nos rouba a capacidade de realmente imaginar um mundo diferente, um amanhã diferente. Quando não há passado ou futuro, apenas o agora, tornamo-nos complacentes e aceitamos o que é, perdendo nossa capacidade de até mesmo perguntar "Como poderíamos?".

Uma ótima maneira de visualizar isso, cortesia de Douglas, é comparar um relógio analógico com um digital. Caso você tenha acesso a um relógio analógico, olhe para ele. Você vê o dia inteiro se desenrolando diante de você. Você vê a relação de seis para nove. Vê os segundos passando, avançando no tempo milímetro a milímetro. Mas, com um relógio digital, você só olha a hora exata do agora. Não faz parte de algo maior, apenas é. O problema com isso, claro, é que é um tanto desanimador. Imagine tudo aquilo que não notamos quando só podemos enxergar o que está bem na nossa frente. Quando não podemos realmente ver que somos apenas pontinhos no grande esquema do tempo.

O ritmo acelerado do desenvolvimento tecnológico, principalmente no período em que está desvinculado da ética, exacerba o presentismo, acentuando nossas tendências de curto prazo. Considere as escolas e as avaliações, por exemplo. Durante a minha infância, meu boletim chegava pelo correio duas vezes por ano, levando a uma conversa com meus pais sobre a escola e talvez um jantar comemorativo na Sorrento's Pizza. Meus pais não sabiam nada sobre minhas tarefas diárias ou notas em provas, mas compreendiam que eu era uma criança razoavelmente inteligente que encontraria meu caminho, e eles se concentravam sobretudo em me moldar como um bom ser humano.

Agora, graças a aplicativos como o Grade Tracker, não sou o único pai a ser notificado quando o filho não entrega a tarefa de espanhol. Os alunos também podem ver suas notas mudarem para melhor ou pior em tempo real. É a personificação do relógio digital, e isso muda a equação das questões gerais e de longo prazo (Estou criando um bom ser humano?) para uma de reações instantâneas (Por que meu filho não se saiu melhor naquela prova de matemática?).

Considere também as experiências de crianças como minhas filhas, Ruby e Eliana, que, além de obterem suas notas em tempo real, também conseguem aprovação social dessa forma. Todos nós já vimos adolescentes grudados em seus telefones, esperando o próximo "ding" para alertá-los de que foram marcados em uma foto ou que alguém "curtiu" sua última postagem. O que isso está fazendo com seus cérebros e com a qualidade de seus pensamentos e sentimentos? Se você pensar no cérebro como um holofote, ele está iluminando apenas 1 ou 2 metros ao redor. Há uma velha parábola hindu que você deve ter ouvido sobre um místico procurando sua chave no chão. À medida que alguém para e decide ajudá-lo a procurar, essa pessoa pergunta onde exatamente ele deixou cair. "Em minha própria casa", diz o místico. "Então por que você está procurando aqui?", pergunta o ajudante. O místico, então, explica: "Há mais luz aqui."[4] Da mesma maneira, aquele adolescente não pensa em quem é ou em quem deseja ser — está apenas olhando para onde a luz está brilhando. Ele não conversa com o amigo ao lado que precisa de ajuda porque esse amigo no TikTok postou um emoji de rosto triste. Ele é propenso a esquecer como é um rosto triste real e como interpretá-lo. E seus cérebros ficam tão viciados na descarga de dopamina oferecida pelo "ding" que é preciso cada vez mais para satisfazê-los.[5] O cérebro está em uma posição perpétua de espera pela próxima dose.

Nossos ancestrais que viviam em sociedades agrárias não saberiam o que pensar de nós. Todo o seu conceito de tempo — que a parteira Nancy Bardacke chama de "tempo hortícola" — dependia das estações e do nascer do sol. Não foi até a Era Industrial que as sociedades foram introduzidas ao "tempo da máquina", que é preciso, previsível e eficiente. Esses ancestrais tinham relógios para ajustar e trens para pegar. Então vieram nossos avós, que aprenderam a medir o tempo de maneira diferente mais uma vez — em termos da capacidade de atenção do consumidor. Foi apenas no século passado que descobrimos os mecanismos específicos para manipular a mente humana e amplificar suas tendências de curto prazo para fins egoístas.

Na década de 1950, os Estados Unidos do pós-guerra estavam prontos para um período de crescimento e prosperidade, exceto por um problema: os veteranos de guerra que retornaram e seus cônjuges eram todos filhos da Grande Depressão, que atingiram a maioridade durante a guerra. Suas vidas até agora os ensinaram a economizar, e não a gastar. Um cara chamado Edward Bernays apareceu em cena no momento em que esses soldados voltavam da Europa. Chamado de "pai das relações públicas", ele acreditava que os seres humanos não eram tão racionais e poderiam ser facilmente manipulados se você soubesse o que estava fazendo. (Curiosamente, ele também era sobrinho de Sigmund Freud.) Usando a psicologia de massas e a propaganda já na década de 1920, ele percebeu como se aproveitar de nossos instintos mais básicos — como nossas necessidades de pertencer e de nos sentir seguros dentro de grupos — e usar isso para alimentar a demanda de clientes como empresas de tabaco e copos Dixie. Todos os jovens descolados fumavam, e o único modo seguro de evitar a propagação de germes era usar copos descartáveis. Bernays elaborou campanhas que exploravam essas necessidades a fim de nos encorajar a fazer compras impulsivas em poucos segundos.

A Madison Avenue usou a psicologia apregoada por Bernays para convencer os soldados e suas esposas de que eles não eram de fato irresponsáveis se comprassem um Cadillac ou um aparelho de televisão (que, por sinal, traria mais acesso à publicidade e a distrações mentais). Na verdade, era seu dever patriótico usar seu poder de compra para obter produtos norte-americanos. O que é particularmente impressionante nessa abordagem não é apenas o fato de ela jogar com o amor coletivo de nossa espécie pelo prazer de curto prazo, mas também de tocar na demanda evolutiva de pertencimento. Em outras palavras, assim como nossos ancestrais queriam ficar abrigados na caverna à noite com o resto da tribo, sentíamos que *precisávamos* comprar esses Cadillacs para nos percebermos aceitos e, portanto, seguros. O capitalismo de consumo resultante explora nossa necessidade básica de segurança, alimentando a demanda por um monte de coisas e um estilo de vida que nós — e o planeta — não necessitamos.

O doloroso dessa cultura de consumo do último século é que é difícil reconhecer nossa participação na máquina. Isso faz parte do design: o capitalismo de consumo não apenas prospera em nossa desconexão, mas também depende disso. Toda vez que você pede um hambúrguer em um drive-thru, a empresa que está vendendo para você não conta a história da vaca, do frigorífico ou das condições precárias de vida das pessoas que trabalham lá. Caso contasse, você poderia acabar não comprando aquele alimento. Em vez disso, a empresa vende a história de uma pessoa faminta e atraente que quer dar uma mordida em um delicioso e suculento hambúrguer enquanto relaxa com os amigos vivendo o melhor de suas vidas. E, como as empresas têm uma demanda de crescimento, seu objetivo é vender mais produtos em mais locais e investir mais para fazer você acreditar que realmente os deseja.

Como já sabemos, este jogo de "Papa-tudo!" que estamos jogando é problemático. Quando se trata de consumo físico, simplesmente não temos espaço nem recursos para todas as coisas que estamos produzindo. Levamos 200 mil anos para nossa população chegar a 1 bilhão e apenas 200 para chegar a 7 bilhões.[6] Esse tipo de crescimento poderia até ser bom se a própria Terra estivesse se expandindo, mas não é o caso. Ao somar tudo o que somos, estamos desafiando os limites da física. Há uma certa quantidade de recursos que podemos extrair a cada ano e ainda regenerá-los — mas geralmente os "esgotamos" no meio do ano. Qualquer criança com uma conta bancária pode ver o problema: estamos tirando mais do que colocamos de volta. E isso ocorre principalmente porque estamos tão focados no curto prazo que não fazemos perguntas básicas sobre o que realmente queremos, qual é o nosso objetivo final.

Como Modificar Nossas Mentes de Curto Prazo

Quando eu estava no ensino médio, nossa escola tinha um jardineiro que, meus amigos e eu brincávamos, sempre vinha trabalhar direto do bar. Você podia ver as marcas do cortador de grama sobre o campo de futebol, e elas nunca eram retas. Ele cortava a grama com total descaso. Será que ficava ouvindo música e dançando com seu cortador de grama? Será que estava brincando com a gente? Estaria ele deixando algum tipo de símbolo ou sinal para alienígenas nos padrões que criava? O mesmo acontecia com a remoção das ervas daninhas. Ele as arrancava apenas de um lugar, e ignorava completamente as outras.

Vinte anos depois, tive a chance de estudar design de jardins com um reverenciado mestre jardineiro japonês do famoso Templo Dourado em Kyoto. Ele tinha viajado para San Diego para ensinar, e meus colegas e eu o estávamos ajudando a construir um jardim de chá e um complexo de jardins maiores no famoso Balboa Park de San Diego. Enquanto ele explicava o que iríamos fazer — que envolvia uma ponte e um rio falso feito de pedras —, procurei pelo maquinário que presumidamente usaríamos e me perguntei se poderia conseguir uma Bobcat. Mas ele nos informou que faríamos tudo usando técnicas de 600 anos atrás; nossas ferramentas primárias seriam nossas mãos. Durante horas, meu trabalho foi colocar as pedras de forma que elas representassem a água corrente e ondulante. Contemplei cada colocação de cada pedra de 10 centímetros. Quando uma chuva forte e incessante começou a cair — uma raridade em San Diego —, imaginei que iríamos parar e retomar o trabalho no dia seguinte. Em vez disso, ele nos pediu para nos reunirmos e observar a água se acumulando e fluindo, para que pudéssemos entender o porquê e o como do que estávamos fazendo.

A diferença entre esses dois jardineiros em minha vida é bastante clara: o jardineiro da minha escola era desatento e sem intenção; já o mestre jardineiro de Kyoto era propositado em cada ação. Sempre considerei o jardim como uma boa metáfora para o cérebro. Podemos escolher que tipo de jardineiros queremos ser para o órgão mais complexo do nosso corpo. Podemos deixar o gramado crescer de qualquer maneira, ou podemos reconhecer a diferença entre uma erva daninha e uma flor e diligentemente, intencionalmente, livrar-nos da primeira. Podemos utilizar o cortador de grama ao acaso, ou podemos podar o excesso de coisas que nos impedem de crescer e dar frutos saudáveis. Se quisermos uma mente que pense a longo prazo, precisaremos cuidar e fertilizar nossos jardins cerebrais de forma premeditada.

A etapa 1 é prestar atenção. Como todo guru de autoajuda, rabino, pastor ou professor de ioga já lhe disse, observe o que está acontecendo antes de deixar seus hábitos mais alienados tomarem conta. Se você está constantemente verificando seu e-mail ou se entupindo de *junk food*, por exemplo, como está seu humor? Como isso está afetando sua conexão com os outros? Isso está aproximando você de ser um humano melhor e mais evoluído, que propagará uma humanidade melhor e mais evoluída? Provavelmente não.

A etapa 2 é acreditar que podemos melhorar. Embora os humanos tenham uma imensa capacidade tanto para o bem quanto para o mal, há evidências crescentes de que somos mais capazes de fazer o bem do que imaginamos. Enquanto costumávamos pensar que todo o crescimento e as mudanças em nossos cérebros aconteciam antes da idade adulta, agora sabemos que os cérebros mudam o tempo todo — e podemos ajudar a configurá-los para o que desejamos. A pesquisa de Carol Dweck sobre a mentalidade de crescimento, que vem de um trabalho de neurociência de ponta sobre a neuroplasticidade do cérebro, é a compreensão mais popular disso. Basicamente, Dweck nos ensinou que, em vez de pensar "Não sou bom em matemática", deveríamos pensar "*Ainda* não sou bom em matemática". Quando adotamos essa mentalidade, já percorremos boa parte do caminho para realmente sermos bons em matemática.[7] E o mesmo vale para a humanidade. *Ainda* não somos uma espécie pacífica e amorosa que se preocupa com as gerações futuras. Mas pensar que podemos ser nos coloca no caminho certo para *realmente sermos* melhores.

A etapa 3 é então passarmos a cultivar nossos eus "longpathianos" em massa. Porque, além de decidirmos que *podemos* ser humanos que pensam no futuro distante, devemos ser mais proativos para que isso aconteça de fato.

VAMOS PRATICAR NOSSO ABC. Iniciaremos com Conscientização. Pense em como o seu dia típico começa. Seu sono foi interrompido por um alarme? Você checou seu telefone em busca de notificações ou mensagens antes mesmo de sair da cama? Em quantas pessoas ou tarefas você pensou enquanto escovava os dentes ou tomava banho? Quantas brigas de família você teve que moderar antes do café da manhã? Você se lembra do sabor do seu café da manhã? Café conta como café da manhã? Você tem sua programação matinal planejada com exatidão, até o nanossegundo em que precisa sair de casa? Sua manhã fez você se sentir expansivo ou retraído? Você se sentiu capaz de estar presente com as pessoas ao seu redor ou mal conseguia colocar um pé na frente do outro? Percebe como um foco excessivo em resultados de curto prazo pode tornar difícil pensar em futuros distantes?

OK. Passemos à Crença. Essa é simples. Você está disposto a imaginar uma manhã sem essa correria toda? Está disposto a acreditar que o ritmo da vida pode diminuir sem que você fique para trás? Está disposto a pensar que é mais do que a soma de seus cliques? Está disposto a reconhecer que pode ser bom considerar como essas manhãs agitadas podem estar afetando sua experiência como ser humano? Sim? Ótimo! Vamos tentar cultivar uma realidade diferente. Talvez você já esteja em uma posição na qual seu empregador oferece um horário flexível ou opção de trabalho remoto. Quais mudanças em seus hábitos diários permitiriam que você começasse o dia de forma mais tranquila e com mais intenção? Como você pode integrar uma meta de longo prazo em sua rotina? Se você não tem muita escolha em relação ao seu horário, consegue identificar um ou dois ladrões de atenção na sua vida e encontrar uma solução alternativa para recuperar seu tempo? Aplicar o controle parental nas suas redes sociais liberaria dez minutos para se conectar com um ser humano real e vivo? Uma regra doméstica de separar roupas à noite reduziria a ansiedade e o estresse de precisar escolher pela manhã? Que hábitos matinais você pode adotar hoje que as gerações futuras agradecerão?

Uma mentalidade Longpath exige que fortaleçamos um conjunto específico de competências, incluindo o uso de nossas emoções pró-sociais, como empatia, gratidão e admiração. Fortalecer esses "músculos" nos permite pensar e sentir mais profundamente sobre o passado, o presente e o futuro, entender nosso lugar no tempo e cuidar daqueles que ainda não nasceram. Existem muitas grandes mentes científicas pesquisando como desenvolver emoções pró-sociais. O principal deles é Martin Seligman, considerado o pai da psicologia positiva. Ele há muito argumenta que, em vez de identificar todas as razões pelas quais as pessoas são infelizes e corrigi-las, devemos reconhecer o que torna as pessoas fortes e encontrar maneiras de enfatizar e desenvolver essas características. A psicologia não deveria servir apenas para remediar problemas, diz ele, mas incentivar práticas que nos tornem melhores.

Pesquisadores como David DeSteno, do Northeastern's Social Emotions Group, e Jamil Zaki, diretor do Social Neuroscience Lab de Stanford, assumem o manto a partir daqui, mostrando-nos que as emoções pró-sociais são habilidades que podem ser ampliadas. "Essas emoções têm sido usadas como tecnologias por tradições espirituais há milhares de anos para promover a virtude (que geralmente requer uma orientação futura) em oposição ao vício (que via de regra é caracterizado por um desejo de prazer imediato)", disse DeSteno. "E agora a ciência está mostrando que essas emoções — para as quais existem capacidades inatas — realmente alteram nosso comportamento."[8] O laboratório de DeSteno mostrou que prestar atenção de modo intencional por meio da prática da meditação pode promover compaixão e que expressar gratidão pode nos tornar menos propensos a consumir recursos finitos.[9] E, como diz Zaki sobre a empatia: "Quando praticamos o envolvimento repetidamente, construímos uma empatia que é maior, mais ampla e mais consistente." Em um estudo de empatia, por exemplo, havia uma lacuna significativa entre mulheres e homens em sua capacidade de julgar com precisão o que as outras pessoas estavam sentindo (adivinhe qual gênero se saiu melhor?). Contudo, essa lacuna foi eliminada quando os participantes do estudo foram informados de que seriam pagos por sua precisão. Não se trata de implicar com os homens (lembre-se de que, por centenas de anos, toda a nossa cultura desvalorizou o feminino), mas para mostrar como somos maleáveis. "Se tivermos um motivo para praticar a empatia", disse Zaki, "nós o fazemos e melhoramos no processo".[10] Além disso, se nos *disserem* que nossa empatia é algo que pode ser desenvolvido, que está ao nosso alcance construir essas conexões cerebrais mais empáticas, é mais provável que o façamos.[11]

À medida que todos nós fazemos isso, as tendências pró-sociais se tornam um padrão cultural que se autorreplica, e nutrimos cérebros que não desembocam automaticamente no imediatismo. Em vez disso, recebemos dicas poderosas de outras pessoas e de nossos ambientes que sugerem benefícios em adiar nossa gratificação imediata — uma superação do sistema. Os instintos básicos ainda estarão lá, é claro. Lembre-se, ainda nos parecemos com nossas identidades antigas. Mas podemos reconhecê-los, cumprimentá-los e então optar por agir de forma diferente e alterar a história para quem vier a seguir. Conseguimos ser mais intencionais ao selecionar o que é necessário para nos tornarmos seres humanos exemplares e, em seguida, trabalhar nisso. (E, assim como um jardim, os planos podem mudar, as necessidades evoluem e o trabalho nunca está realmente concluído.) Ao sermos mais proativos, deixamos de tentar sustentar o que fomos para reconhecer nosso poder inato de criar e regenerar, ajudando-nos a nos tornar melhores do que éramos antes. Então, passamos isso para a próxima geração, que por sua vez passa adiante etc. Em essência, garantimos que os descendentes comecem em um patamar mais elevado.

Os Pilares do Longpath

Tenho resistido a chamar o curto prazo de "Inimigo nº 1" porque, novamente, ele nos serviu bem no passado. Agora, no entanto, enquanto enfrentamos uma tempestade intertidal que alerta para o colapso ambiental, social e econômico, precisamos deixar o curto prazo firmemente de lado. O imediatismo faz com que sejamos reacionários e individualistas, quando o que nos ajudará a superar este momento é pensar de forma expansiva e coletiva. Mas requeremos um processo para substituí-lo — e é aí que entra o Longpath.

O Longpath tem dois pilares fundamentais projetados para combater as forças do imediatismo e ajudá-lo a "cultivar" um cérebro que leva em consideração um contexto muito maior a cada decisão, mesmo quando essas deliberações estão enraizadas profundamente no seu subconsciente. Esses pilares são:

Empatia transgeracional: uma consciência contínua do seu lugar na cadeia do ser, na qual você considera sua história herdada, encontra alinhamento no — e com o — presente e faz ajustes para melhorar o futuro.

Pensamento de futuros e télos: uma capacidade expansiva de pensar em diferentes tipos de futuros e um convite para imaginar o porvir que você deseja.

Esses pilares ensinam você a pensar para além do aqui e agora. Utilizados em conjunto, eles criam um processo que nos ajuda a nos tornar grandes ancestrais para as gerações futuras. E, assim como nos configuramos mais empáticos simplesmente por saber que se trata de uma habilidade que pode ser expandida, você já está mais apto a viver o Longpath em sua vida pelo mesmo motivo. (Viu o que eu acabei de fazer aqui?) É mais provável que você fale sobre o Longpath com um amigo ou o mencione em uma conversa, fortalecendo ainda mais sua influência.

O Longpath consolida esses pilares em uma simples palavra que pode ser escrita em calendários, quadros-negros e post-its, ou sussurrada baixinho, estabelecendo um eixo e nos lembrando do que fazer a seguir e por quê. É um chamado para observar como o seu dia muda. Perceber a forma que seus neurônios disparam um pouco diferentes. E então fazer isso de novo no dia seguinte.

Eu uso o Longpath diariamente — *a cada hora* — em minha vida. Eu o utilizo nas decisões que tomo sobre como gastar meu tempo e dinheiro, como falar comigo mesmo e como estar com as pessoas ao meu redor. Isso não torna minha vida perfeita, mas a torna intencional. Me faz pausar e pensar: qual é o objetivo disso? Por que isso está aqui e o que tem a ver com o futuro que desejo criar?

Sim, isso parece profundo demais para as decisões simples que compõem o cotidiano. Mas isso repercute para o CEO que tem o Longpath escrito em um quadro branco para uma reunião semanal de orçamento e em seu retiro de liderança corporativa. E, de fato, eu usei o Longpath para ajudar algumas das maiores organizações do mundo a tomar decisões. O Longpath repercute dessa maneira para uma sociedade que, daqui a duzentos anos, pode considerar conceitos como justiça totalmente desnecessários: por que motivo *não seríamos* todos justos uns com os outros?

Você provavelmente (espero) já está começando a viver o Longpath apenas por ter lido esses primeiros capítulos. Agora é onde o trabalho se aprofunda mais, do teórico ao individual, do civilizacional ao pessoal.

O próximo capítulo desafiará você a considerar onde você se encaixa no cenário geral — e parte disso significa reconhecer não apenas que estamos olhando para frente, mas também que é de igual importância pensar (e *sentir*) para trás. Bem lá atrás.

CAPÍTULO 3 | PRATICANDO

Olhando para Trás, para Dentro e para Frente

Nós somos o passado. Somos o resultado de muitos milhares e milhões de anos. Somos o resultado de experiências e conhecimentos raciais acumulados. Somos o resultado da tradição e da influência. Somos, no fundo, o resíduo de tudo que envolveu o passado. Essa é a parte profunda, oculta, secreta e não exposta de nossa mente.[1]

— J. KRISHNAMURTI

Recentemente, encontrei uma pintura de colagem de cinquenta anos atrás, criada por minha mãe, retratando bancas de mercado e a vida nas ruas quando ela morava no México. A tela é repleta de cores e formas vibrantes. A parte de trás da pintura estava coberta de jornais documentando os triunfos e as tragédias da Cidade do México em um dia de 1970. A combinação fazia sentido. Para minha mãe, a vida sempre foi uma questão de contexto. Quando caminhávamos por galerias de arte durante minha infância, ela apontava o uso que os artistas faziam de perspectiva, luz e formas, mas também fazia perguntas — em sua maioria sem resposta — sobre os mundos interior e exterior dos artistas. "O que você acha que o artista estava pensando quando criou isso?", ou "O que você acha que estava acontecendo — e aconteceu — em sua vida? E em sua sociedade?". Você não podia olhar para uma pessoa ou coisa sem considerar o mundo ao seu redor, o mundo que a moldou. O desejo de contexto, o anseio por entender como sua criação na região da Baía de São Francisco se encaixava em um quadro maior, foi a razão pela qual ela deixou os Estados Unidos para estudar no México em primeiro lugar. Na verdade, foi seu professor, o futurista Buckminster Fuller, quem recomendou que ela expandisse seus horizontes estéticos além das noções clássicas do Ocidente.

A influência da minha mãe aparece não apenas na maneira como vejo a arte, mas em como vejo tudo. Se leio um artigo sobre um ato horrível de algum político, posso ver o quão indiscutivelmente horrível é essa atitude. E também penso no contexto: o que os levou a agir dessa forma? Como foi a educação deles? Que forças estavam em jogo na educação de *seus* pais? E de seus avós? Não estou tentando desculpar a ação, mas entendê-la. Muitas vezes, definimos a culpa com base nas ações daquele único indivíduo — é um viés ao longo da vida que nos impede de ver as causas subjacentes das ações e os possíveis caminhos positivos a se seguir. Nada é sempre definido, nada é completamente binário. Desse modo, carrego minha mãe comigo na maneira como penso sobre o mundo e como me movo por ele.

Meu pai também está presente em tudo que faço. Quando eu era jovem, nossa família fazia passeios ocasionais de trem que duravam um dia inteiro, de Walnut Creek até as montanhas ocidentais da Serra Nevada, passando por desfiladeiros íngremes até nosso destino final de férias — Reno! Lembro-me claramente de ouvir meus pais conversando na primeira viagem, e meu pai dizendo, maravilhado: "Sabe, da última vez que estive em um desfiladeiro coberto de neve como este, eu tinha uma metralhadora. Eu não sabia de onde viria minha próxima refeição. E não sabíamos em qual curva do caminho haveria nazistas escondidos. No momento em que eu ia dormir, ficava com a arma na mão, sem a trava de segurança. Eu não sabia como iria acordar — seria com o sol? Ou com uma lanterna alemã? Será que acordaria, de fato? Agora estou aqui, tomando café, enquanto meus três filhos estão olhando para as árvores cobertas de neve, bebendo chocolate quente e colorindo." O jeito como ele disse isso fez parecer que aquilo era uma espécie de ficção científica para ele; era surreal que ele tivesse estado *lá*, e agora estivesse *aqui.* No centro dessa memória está o sentimento inabalável de deslumbramento de meu pai, mesmo depois de tudo o que ele passou, e a convicção — transmitida a mim — de que realmente tudo é possível. Embora obviamente tenhamos limitações, também temos arbítrio. Tal como acontece com a minha mãe, as crenças do meu pai também fundamentam o meu trabalho no Longpath Labs todos os dias. É o que penso quando leio a análise mais recente de como estamos levando o navio da humanidade em direção a um iceberg: sim, mas e se virássemos o navio? Como poderíamos fazer isso?

A contemplação das experiências de seus pais ilustra um pilar central do Longpath: empatia transgeracional. Ela encoraja você a estar sempre consciente de seu lugar na cadeia da existência. Você explora as necessidades, as escolhas e os sentimentos daqueles que vieram antes de você — o primeiro elo na corrente para se tornar um grande ancestral. O segundo elo envolve examinar sua própria autorrealização, tendo autoempatia dentro de um contexto transgeracional. O terceiro elo requer que você explore as necessidades e os desejos dos seres humanos que virão nas próximas gerações, a empatia transgeracional para o futuro. Examinar todas essas ligações juntas é como você percorre esse longo caminho, como começa a entender seu papel em uma produção massiva e milenar. É assim que você pode construir um futuro melhor e iniciar o cultivo de uma mentalidade Longpath.

NA EPÍGRAFE DE ABERTURA do livro, contei a história de Choni, que se deparou com um homem plantando uma alfarrobeira, mesmo sabendo que não viveria para vê-la fornecer sombra, mas a plantou porque seus ancestrais haviam plantado uma para ele. Quais são as alfarrobeiras que foram plantadas para você?

Reserve alguns minutos para refletir sobre como suas experiências hoje foram moldadas pelas escolhas — tanto externas quanto internas — das gerações anteriores e como elas as fizeram. E se você imaginar as experiências da próxima geração? Como eles — seus futuros descendentes — responderiam a essa pergunta sobre você? Isso está alinhado com o que você gostaria que eles soubessem sobre sua vida? E se você fizesse essas perguntas a si mesmo todos os dias — várias vezes ao dia? E se você perguntasse: "O que meu avô teria pensado? Como isso está afetando minha visão de mundo? Como meus bisnetos se sentirão em relação a isso?" Talvez você esteja pensando em aceitar um emprego com um salário alto, mas a cultura da empresa supostamente é terrível, as horas são longas, o sentido do trabalho é nulo. Você imagina que seus antepassados zombariam de você por ter que pensar nisso. Sustentar a família era tudo para eles. Será que esse valor ainda está com você, porém despercebido? Como você quer que seus bisnetos se sintam ao aceitar esse tipo de emprego? Agora, e se você não apenas pensasse, mas pudesse sentir? Usar essas informações — tanto lógicas quanto emocionais — para guiar suas escolhas é um dos fundamentos do Longpath.

Na cultura ocidental, pelo menos, costumamos seguir uma estrutura mais limitada para guiar nossas escolhas. Meus pais me criaram com a sabedoria de filósofos conhecidos como Platão, Aristóteles, Sócrates, Nietzsche e Kant. E esses caras são ótimos e tudo mais, contudo eles fizeram uma coisa que, pelo que vejo agora, não apenas me deixa chateado, mas me faz questionar muito sobre como pensamos a respeito do significado da vida. Todos eles tomaram a duração da vida humana, desde o nascimento até a morte, como sua unidade de medida para o que significava ser virtuoso e bom.

Não podemos pensar nos problemas que nosso mundo enfrenta, como segurança alimentar ou mudanças climáticas, ou mesmo nas adversidades enfrentadas por nossas famílias, como bem-estar emocional, e limitar nosso pensamento ao tempo de vida de uma pessoa como unidade de medida. Quando o fazemos, caímos no "viés do tempo de vida". Através de uma perspectiva Longpath, pensamos mais adiante e, principalmente, em ambas as direções. Pensamos no passado — as experiências de nossas mães e de nossas tataravós — e no futuro — de nossos filhos, sobrinhas e sobrinhos, bem como de seus tataranetos, sobrinhas-netas e sobrinhos-netos.

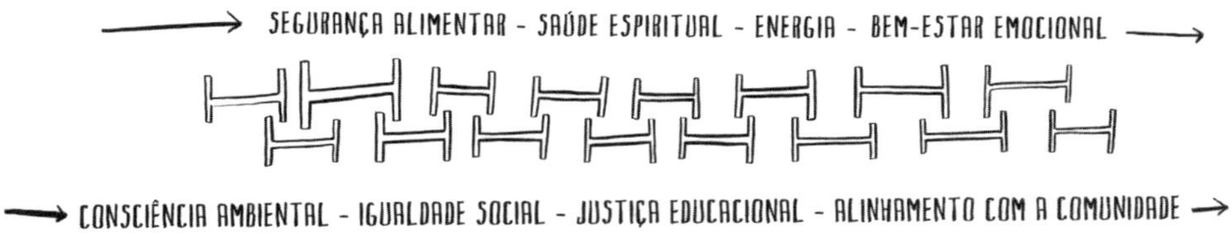

A empatia transgeracional é um antídoto para o imediatismo porque nos ajuda a priorizar os objetivos de longo prazo em detrimento dos ganhos de curto prazo. É um lembrete de que você é uma conexão na rede da existência — que muita coisa aconteceu antes de você entrar em cena e muita coisa acontecerá depois que você sair dela. E muito do que ocorre depois que você vai embora depende do que você faz, pensa e sente enquanto canta e dança essa pequena canção chamada de "minha vida".

Empatia por Nossos Ancestrais

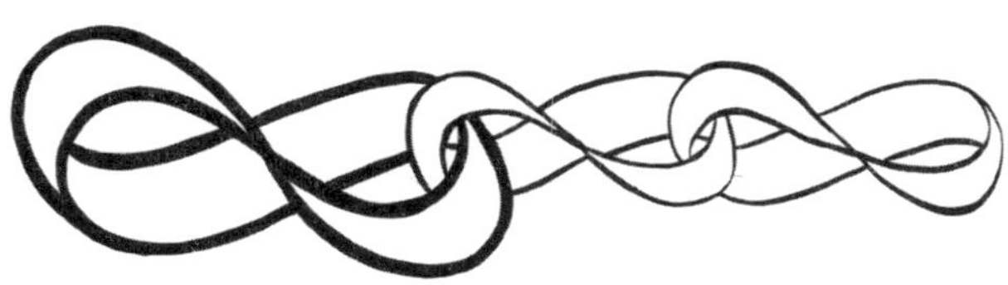

A grande força da história vem do fato de que a carregamos dentro de nós, somos inconscientemente controlados por ela de várias maneiras, e a história está literalmente presente em tudo o que fazemos.

— JAMES BALDWIN

Em alguns dias, tenho plena consciência de minha própria herança e de como alguns dos meus reflexos estão relacionados ao passado de meu pai. Minha esposa, Sharon, e eu fizemos uma maratona de compras no Trader Joe's, por exemplo, e, quando levamos nossos dois carrinhos cheios para o carro, ela disse que levaria algum tempo para descarregar tudo em casa. "Vou levar as sacolas com as coisas do freezer para o porão", eu disse. Sharon ajudou o caixa a empacotar tudo enquanto eu estava ocupado colocando mais coisas no carrinho que provavelmente não precisávamos, e ela avisou que não havia colocado todos os itens do freezer em sacolas separadas dos itens da despensa. Por alguma razão, isso me deixou irritado e eu descontei nela. "Eu não sou especialista em empacotamento!", ela me lembrou. "O que está acontecendo com você?"

Sabiamente, mantive minha boca fechada à medida que pensava na razão para aquilo. O que estava passando pela minha cabeça quando reagi dessa forma? Eu estava pensando em Sharon: *Você deveria saber a coisa certa a se fazer. Você sempre deve saber. Você não é apenas uma esposa, mas é uma mãe, e deveria saber disso*. Não estou dizendo que esses eram pensamentos justos — apenas que eram meus pensamentos subconscientes.

Eu poderia rastreá-los facilmente até meu pai, que costumava ficar com raiva da minha mãe pelos mesmos motivos estúpidos. Perguntei-me por que ele fazia aquilo. (Devido à influência de minha mãe sobre mim, em geral tinha que haver um porquê.) Pensei em seu relacionamento com as mulheres de sua vida. Ele sempre falou sobre sua própria mãe com entusiasmo. Mas há muito tempo eu suspeitava que lá no fundo ele estava com raiva dela — por não ter feito a coisa certa quando o Holocausto estava começando, por não ter ido embora, por não ter se salvado de alguma forma — o que teria sido impossível. Ela não sabia a coisa certa a fazer, e acredito que ele sempre se sentiu abandonado e, portanto, com raiva.

No "Caso da Comida Congelada do TJ's", consegui juntar rápido as peças do quebra-cabeça. Mas, em outras ocasiões, as formas como carrego minha história ancestral são muito mais subliminares. É como quando você coloca a calça pela primeira vez pela manhã e sente a pressão na cintura. Mas então, a menos que as calças estejam muito apertadas, você para de senti-la. Isso porque, na base do seu cérebro, existe uma coisa chamada SAR, o sistema de ativação reticular, que filtra os estímulos e, nesse caso, sinaliza que você não precisa estar ciente da sensação em sua cintura agora. Não seríamos capazes de continuar produtivamente com o nosso dia se nossos cérebros estivessem focados em nossas calças o tempo todo. O que não significa que não as estejamos usando ou que elas não afetam a maneira como nos movemos. Às vezes, os estímulos são apenas filtrados por uma questão de conveniência. Mas usamos nossa história do mesmo jeito, seja ela boa ou ruim. E, às vezes, ela é realmente muito ruim.

Nossa capacidade de praticar a empatia transgeracional é vulnerável a traumas, sejam nossos ancestrais os perpetradores ou receptores, e isso é verdade nas escalas pessoal e social. Na ocasião em que o passado é inconcebível ou apenas desconfortável, mesmo sendo um passado anterior ao nosso nascimento, tendemos a manter nossos olhos voltados para a frente ("O passado não importa — 'Ao Infinito e Além!'"), ou a ficar na defensiva ("Não é como se eu tivesse feito aquelas coisas horríveis.") Mas, ao fazer isso, deixamos de aprender com o passado ou de reconhecer que, assim como aquela calça, ainda o usamos todos os dias. Não reconhecer a profunda influência que o passado tem sobre nossas formas atuais de ser — como indivíduos e como sociedade — é como colocar fita adesiva em um cano d'água quebrado. Sim, isso pode até se sustentar no curto prazo, mas eventualmente irá estourar e a inundação resultante será pior do que jamais poderíamos imaginar.

É por isso que a empatia pelo passado tem tudo a ver com o futuro. A empatia transgeracional permite que você veja o que lhe constituiu. Mostra a bagagem que você trouxe — ou melhor, herdou — para o espaço de sua vida. Isso lhe ajuda a colocar o passado em seu devido lugar, para que você reconheça que muito do que pensa que deseja veio de outras pessoas. Esse conhecimento faz você pensar de forma diferente... permite que se incline ao Longpath.

A parte da empatia na empatia transgeracional é o que nos permite aprender com o passado e levá-lo conosco da melhor maneira possível. Empatia é diferente de compaixão. É a capacidade de ir além do seu ego e imaginar como outra pessoa se sente. Isso não significa que você também se sentiria assim, ou que acha que elas estão certas em se sentir assim; significa apenas que você pode imaginar isso.

Se a empatia pelos antepassados é difícil, imagine como, em 2150, seus tataranetos verão a *sua* vida. Talvez haja alguma tecnologia que permita aos humanos ler os pensamentos dos animais, e nossos descendentes considerarão nosso hábito de comer carne como algo bárbaro. E eles definitivamente olharão para a maneira como ignoramos as mudanças climáticas e ficarão furiosos, ou pelo menos perplexos. Embora possamos e devamos deixar que essas possibilidades nos guiem para melhores decisões agora, também temos o benefício de estar aqui no presente. Estamos tentando fazer o melhor que podemos com o que sabemos, e temos que dar aos nossos ancestrais o mesmo benefício da dúvida.

Deixe-me esclarecer que ter empatia por nossos ancestrais não significa absolver ninguém. Não a nós mesmos, e especialmente não aos nossos antepassados que possam ter cometido atrocidades. Não estamos apaziguando nada. Estamos reconhecendo que eles operavam em um ambiente psicológico e social diferente do que nos encontramos e que ninguém tem o monopólio do status aperfeiçoado de nada. Nossos ancestrais também foram criados por elos de uma corrente que remonta a séculos. A empatia por eles exige humildade e uma abordagem sutil, mesmo quando os vemos claramente. Não aprendemos nada quando os descartamos, em particular quando se trata de entender como suas ações naquela época impactam as nossas *hoje*.

Trazer o passado à luz pode nos ajudar a romper os padrões arraigados de sofrimento nas escalas individual e social. Na África do Sul, uma Comissão de Verdade e Reconciliação foi estabelecida após o apartheid para permitir que as vítimas de abusos aos direitos humanos contassem suas histórias e para permitir que os transgressores desses abusos assumissem a responsabilidade por suas ações e pedissem perdão. Apesar de não ser perfeita, a comissão foi considerada amplamente bem-sucedida na capacidade do país de avançar com base na restauração, não na retaliação. O processo de verdade e reconciliação envolve honestidade, uma oportunidade de lamentar, perdoar e curar. Diferentes sociedades têm lutado com esse conceito de suas próprias maneiras. Em Budapeste, o Memento Park abriga estátuas dos dias mais sombrios da era comunista, onde os visitantes podem rememorar o passado sem glorificá-lo. Como aponta o escritor de viagens Cameron Hewitt: "Embora seja possível que alguns veteranos saudosistas venham aqui para se emocionar com os 'bons velhos tempos' do comunismo, está claro para mim que a grande maioria dos visitantes está aqui para observar atentamente essas monstruosidades, aprender sobre a época que elas representam... e dar uma 'volta da vitória' em torno dos agora lamentáveis restos de um império falido. Para aqueles que procuram contexto histórico, fotografias de arquivo mostram as estátuas *in situ.* Porque, obviamente, você não precisa manter um símbolo de opressão em um lugar de destaque apenas para garantir que ele seja lembrado."[2]

E então há a Alemanha. O advogado, ativista e fundador da Equal Justice Initiative, Bryan Stevenson, disse que a razão pela qual ele pode visitar Berlim é que os alemães reconhecem publicamente os horrores do Holocausto, com placas nas casas onde as famílias judias viviam e um proeminente museu memorial. "Se ninguém reconhecesse isso, se ninguém falasse sobre isso", disse ele, "não importaria o quão boas as pessoas fossem no momento — eu não poderia confiar em uma sociedade que fez algo tão horrível e se recusou a identificar o terror disso...". Se não estivermos cientes do "passado" que nos constitui, não apenas seremos cegos para os perigos de que isso aconteça novamente; perpetuaremos a dor ao negar a perda.

Alguns governos lideram esforços de reconciliação com o pregresso, o que é ótimo, mas não precisamos depender do governo para fazer esse trabalho. Caso um número suficiente de indivíduos fale sobre seu passado compartilhado e esteja sintonizado com as necessidades de integrar esses períodos e de aprender com eles, isso pode se tornar um *zeitgeist* cultural. Como exemplo, a Equal Justice Initiative de Stevenson é uma das líderes neste esforço para assumir o passado dos Estados Unidos. Ela abriga um projeto no qual os participantes podem levar um frasco, uma ferramenta de jardinagem e informações sobre um local de linchamento e coletar terra do local como forma de homenagear e lembrar as vítimas. Quando uma participante, que era negra, fez isso na beira da estrada no oeste do Alabama, ela notou — com alguma apreensão — que um caminhão desacelerou e parou nas proximidades. Um cara grande e branco saiu e perguntou o que ela estava fazendo, e ela disse: "Aqui é onde um homem negro foi linchado em 1937, e estou aqui para honrar sua vida."

Como Stevenson conta: "E ela disse que ficou nervosa, então começou a cavar bem rápido, e o homem ficou parado ali. Assim, ela disse que o homem falou: 'Esse artigo fala sobre o linchamento?' Ela respondeu: 'Fala.' Logo, ele perguntou: 'Posso ler?' Ela disse que sim, deu o papel ao homem e continuou cavando. O homem leu o artigo, e então o largou. Em seguida, ele a surpreendeu quando disse: 'Desculpe, mas tudo bem se eu ajudar você?' Ela consentiu, e o homem se ajoelhou. Ela ofereceu a ele a ferramenta para cavar o solo, mas ele disse: 'Não, não, não. Você usa isso. Vou usar apenas minhas mãos.' Ela falou que as mãos dele estavam pretas de terra. Havia algo na maneira como ele dava tudo de si ali que a comoveu. Ela começou a chorar, então o homem parou e disse: 'Oh, sinto muito por estar chateando você.' 'Não, não, você está me abençoando', disse ela. Ela continuou cavando com sua ferramenta e ele continuou cavando com as mãos; no momento em que estavam chegando perto do topo do frasco, ela olhou para ele e pôde ver seu ombro tremendo. À vista disso, ela viu lágrimas escorrendo pelo rosto dele, parou e disse: 'Você está bem?' e ele disse: 'Não, senhora. Eu só estou muito preocupado com o fato de que meu avô possa ter participado do linchamento deste homem.'"[3]

Ao cavar esse solo juntos, eles foram capazes de se conectar coletivamente com o trauma e a dor do passado de uma forma que reconhecesse tal presença em suas vidas hoje — mesmo a partir de vivências extremamente díspares. O ato não encobriu o passado nem levou a um momento de união superficial, mas, esperançosamente, desempenhou um papel na construção de uma base para a reconciliação (sem esquecimento!) que permitiria a ambos avançar para a construção de um futuro melhor.

A história deste solo é vívida, assim como o linchamento é um exemplo dramático dos pecados de nossos antepassados. A empatia transgeracional nem sempre é tão clara, tão evidente — às vezes, é um processo totalmente interno, como aquele pelo qual passei depois que briguei com Sharon por causa dos alimentos congelados. Mas é uma jornada que todos devemos fazer — individual e coletivamente — se quisermos o Longpath. Para pensar no futuro, você precisa se conectar com onde tudo começou.

ENCONTRE UM QUARTO QUE ofereça um pouco de privacidade, onde você se sinta seguro, e fique em frente a um espelho (de preferência de corpo inteiro). Quando estiver pronto, tire a roupa. Este não é um exercício de autovergonha ou qualquer coisa estranha do tipo, então faça o possível para não julgar a si mesmo. Comece observando a pele da barriga. Agora mova sua atenção apenas para o seu umbigo. Existem cerca de 4 milhões de células em apenas uma polegada quadrada de pele em torno dessa área. Muitos anos atrás, esse local era uma tábua de salvação para você enquanto se desenvolvia no útero de sua mãe — exatamente da mesma forma que os humanos foram nutridos por milênios, e os pré-humanos por milênios antes deles. E, mesmo antes disso, o pequeno óvulo que foi fertilizado e eventualmente se tornou você foi criado quando sua mãe era um feto carregado por sua avó, uma geração atrás. Permita-se mergulhar nessa ideia.

Assim, aqui está você, em toda a sua majestade, evoluído até o ponto de estar em pé em um quarto na sua casa. Esse corpo no espelho é você e os bilhões de sapiens que vieram antes de você — desde a forma de seus pés (construídos para caminhar pela savana desolada por horas ao longo do dia) até o órgão mais incrível que já existiu no planeta Terra — seu cérebro. Seu corpo está contando uma história biológica, e ela é humilde e fascinante, com ênfase no fascínio.

Observe seus pés, joelhos, quadris, mãos, ombros, rosto, olhos. Todos evoluíram para sua configuração atual com base naqueles que vieram antes de você. Em sua forma, você vê seus parentes super antigos que usavam seus torsos musculosos para caçar e também vê sua doce vovó Rosie no formato de seu sorriso. Conforme você tenta apagar as luzes à noite, está usando os mesmos reflexos musculares de todos os ancestrais que vieram antes de você. E seu medo do escuro também pode fazer parte de sua linhagem. Esse seu corpo é herdado, bem como as experiências vividas por seus ancestrais. Para cada traço físico que você vê, existem milhares e milhares de legados culturais, comportamentais e ambientais que você carrega.

Dito isso, erga lentamente a mão direita, coloque-a sobre o coração e deixe a mão esquerda descansar suave sobre a barriga. Sinta o subir e descer do peito e do estômago enquanto inspira e expira, observando o pulso constante do seu coração batendo. Então, pergunte a si mesmo:

O que da minha herança ancestral eu quero levar comigo?

O que eu quero deixar para trás?

Reserve um momento para anotar suas respostas e mantenha essa experiência diante do espelho com você ao tomar decisões em sua vida — tanto grandes quanto pequenas.

Empatia por Si Mesmo

Joseph Campbell escreveu: "Pois viajamos — cada um de nós — em dois mundos: um interior de nossa própria consciência e um exterior de participação na história de nosso tempo e lugar." Para o Longpath ser efetivo, esses dois mundos devem trabalhar juntos. Não podemos ser bons descendentes ou grandes ancestrais se não estivermos vivendo nossas vidas plena e autenticamente. Portanto, a parte da empatia por si mesmo, da empatia transgeracional, trata de viver uma vida *alinhada*. Duas ferramentas que podem ajudar nesse alinhamento são: 1) a prática da autocompaixão e 2) um reconhecimento da natureza finita de nossas vidas e da natureza potencialmente infinita de nossos legados.

A *autocompaixão* é a disposição de assumir uma atitude gentil e indulgente em relação às nossas fraquezas e erros, enquanto ainda fazemos o trabalho de reparação. É ela que nos permite aprender com nossos erros e seguir em frente, agindo melhor. Considere "O Caso da Comida Congelada do TJ's" mencionado anteriormente neste capítulo. Eu não poderia ter admitido minha culpa por brigar com Sharon se também não estivesse disposto a me dar uma trégua.

Jamil Zaki, do Laboratório de Neurociência Social de Stanford, estudou extensivamente a autocompaixão e afirma que a falta dela em nossas vidas nos atrapalha — faz com que nos tornemos rígidos durante o conflito e nos impede de fazer concessões quando discordamos.[4] Imagine uma estudante do ensino médio que vai mal em um teste importante porque, embora tivesse a melhor das intenções ao estudar na noite anterior, ela acabou entrando no TikTok e ficando acordada até tarde. Quando descobre sua nota, ela internaliza alguns pensamentos terríveis: *eu sou tão burra, é claro que tirei uma nota ruim. Sou uma idiota irresponsável.* À proporção que seus pais perguntam sobre sua nota, seu sentimento de vergonha a coloca em uma posição rígida e defensiva, e ela responde com agressividade. Se essa menina tivesse autocompaixão, no entanto, seu diálogo interno seria diferente: *eu tenho boas intenções, eu tento, e às vezes estrago tudo. Entrar no TikTok naquela noite não foi minha melhor decisão. Estava me sentindo sobrecarregada e precisava relaxar. Mas tudo bem. Vou assumir esse erro e superá-lo. Talvez eu pergunte se há alguma oportunidade de obter créditos extras.*

Empresas, comunidades e sociedades inteiras se beneficiam do compromisso com o trabalho da autocompaixão. É o que permite que elas evitem ficar presas à vergonha de fracassos passados — e vez ou outra é uma medida inteligente de relações públicas. Você pode lembrar que a Starbucks foi criticada em 2018, quando um atendente na Filadélfia, sem motivo justificável, chamou a polícia para dois homens negros na loja. Em vez de adotar uma postura defensiva ("Aquele era apenas um entre milhares de atendentes!"), a Starbucks foi capaz de dizer (e estou parafraseando): *Isso é terrível. Até as boas empresas cometem erros de tempos em tempos. Queremos fazer melhor.* Eles fecharam 8 mil lojas durante uma tarde para oferecer treinamento contra o preconceito aos funcionários.

A NASA também se comprometeu a aprender com os erros — o que não seria possível se estivessem empenhados em negá-los ou desculpá-los. Eles têm um "Processo de Pausa e Aprendizagem" no qual os colegas de equipe verificam regularmente o que funciona ou não. Não há consequências boas ou ruins nessas reuniões — a ênfase está na honestidade e no espírito de seguir em frente de maneira melhor. Se as pessoas souberem que revisar o que aconteceu resultará em consequências ruins, é menos provável que admitam o que fizeram ou que reajam defensivamente quando confrontadas. Ninguém adquire conhecimento de nada assim. Por outro lado, a "Pausa e Aprendizagem" oferece verdade, reconciliação e compromisso com o motivo de todos estarem lá em primeiro lugar. E, no caso da NASA, esse objetivo é literalmente alcançar o espaço. Outro apelido para o mesmo processo essencial é a revisão de pós-ação, um exercício de autoconsciência e aprendizado com os erros que foi adotado pelo Exército e por organizações como Shell e Harley-Davidson.

VAMOS TENTAR O NOSSO PRÓPRIO processo de Pausa, Aprendizagem e Realinhamento usando algumas técnicas de bondade amorosa em relação a nós mesmos. Reserve um momento e lembre-se de uma experiência que você gostaria que tivesse sido melhor. Você pode começar tanto com situações pequenas quanto grandes — apenas lembre-se de que não estamos aqui para causar mais danos a nós mesmos ou aos outros. Respire suavemente e veja se consegue rastrear suas escolhas e suas respostas até um sentimento ou uma sensação distinta em seu corpo que antecedeu o ponto de virada em seu cenário. Fique com esse sentimento por um tempo. Você está acessando mais alguma coisa? Existe uma emoção por trás da emoção ou pensamentos ou memórias que estão surgindo? Existem outros momentos em sua vida nos quais você se sentiu da mesma maneira? Ok, ótimo trabalho. Agora, vamos respirar fundo outra vez, talvez duas vezes, e nos perguntar: "Como eu (ou nós) gostaria de me sentir depois dessa experiência? O que eu (ou nós) poderia ter feito melhor?" Aposto que essa linha de questionamento parece muito melhor do que a anterior. Detenha-se nessa sensação por algum tempo. Quando estiver pronto, vamos praticar um pouco de autocompaixão. Repita para si mesmo:

Eu sou um ser humano perfeitamente imperfeito que está aprendendo.

Eu sou um ser humano que está aprendendo e que busca aplicar o que aprendeu.

Eu sou um ser humano aspirante que está se curando de hábitos pouco saudáveis.

Eu sou um ser humano em processo de cura que ainda é falível.

Eu sou um ser humano falível que está trabalhando duro para alinhar minhas ações com meus valores.

Você pode criar suas próprias frases com o tempo; as palavras devem parecer autênticas para você. A ideia principal é que podemos extrair sabedoria de nossas vivências e deixar de lado todas as emoções complicadas que dificultam seguir em frente ou até mesmo nos examinar em primeiro lugar. Considere escrever algumas notas sobre sua experiência ao fazer este exercício, incluindo maneiras pelas quais você lidaria com um cenário semelhante no futuro. Você pode circular o "sentimento desejado" em seus registros e usar essa palavra como uma âncora em situações difíceis.

Há muito aprendizado e realinhamento para fazermos durante nossas vidas, e uma quantidade finita de tempo para realizar tudo isso. Viver uma vida estruturada vem com a aceitação de que inevitavelmente, um dia, não estaremos vivos, e esse fato dá sentido a tudo o que executamos em nossa vida. Provavelmente é aqui que você revira os olhos e diz: "Sim, ouvi a música de Tim McGraw — viva como se estivesse morrendo. Paraquedismo, escalada nas Montanhas Rochosas e tudo mais. Viva cada dia como se fosse o último. Aproveite-o. Já entendi." Deixando de lado os cartões postais e as músicas country, a maioria de nós ainda não vive dessa forma. Não é que precisamos correr mais riscos ou comer a sobremesa primeiro, e certamente não queremos ser mais orientados a curto prazo do que já somos. Em vez disso, queremos reconhecer a morte para que possamos viver ordenados com o que nos importa, para que o impacto de nossa vida reverbere no espaço e, mais importante, no tempo. You Only Live Once (YOLO) — Só Se Vive Uma Vez — muda para Your Life Is Bigger Than You — Sua Vida É Maior que Você — (não é um acrônimo tão legal, admito).

Os seres humanos são únicos no sentido de que não *precisamos* enfrentar uma situação iminente de quase morte para entender que ela está chegando para todos nós, e que pode vir a qualquer momento. Esse é um conhecimento assustador para se conviver. Como Ernest Becker escreveu em seu livro vencedor do Prêmio Pulitzer, *A Negação da Morte*, "o homem está literalmente dividido em dois: tem uma consciência de sua esplêndida e ímpar situação de destaque na natureza, dotado de uma dominadora majestade, e, no entanto, retorna ao interior da terra, uns sete palmos, para cega e mudamente apodrecer e desaparecer para sempre. Estar num dilema desses e conviver com ele é assustador".[5]

A resposta mais comum ao nosso medo da morte é a negação — ou, pelo menos, seu evitamento. Jogamos os pensamentos sobre ela para debaixo do tapete. Claro, nossa morte iminente é um elefante, mas nosso tapete é muito grande — mais parecido com um carpete que cobre toda a parede. E, se o elefante se manifesta, simplesmente arranjamos um tapete maior ou o atualizamos para um mais luxuoso, não importa o quão impraticável isso seja. A recusa é o motivo pelo qual tantas pessoas não preenchem uma procuração ou criam um testamento — isso é verdade mesmo para muitos que sofrem de uma doença terminal. É por isso que as pessoas adiam visitar um parente idoso ou em fase terminal — é desconfortável demais. O tapete não é flexível o suficiente para esse encontro. Essa inclinação à negação explica por que, embora 80% dos norte-americanos desejem morrer em casa, apenas 20% de nós o fazem. Explica por que os médicos perguntam sobre os objetivos de seus pacientes terminais para a última fase de suas vidas em menos de um terço das vezes. Nem os médicos querem falar sobre isso![6]

Por outro lado, aqueles que trabalham em empregos que lidam com a morte falam do grande senso de propósito que sentem todos os dias, seu senso de alinhamento. Anthony Back, que fundou o Centro de Excelência em Cuidados Paliativos, fala sobre a coragem e a franqueza de pacientes terminais que encaram abertamente sua morte iminente, fazendo planos intencionais e significativos para seus últimos dias. "O que eu concluí", disse ele, "é que há algo revigorante em enfrentar a própria mortalidade e a vulnerabilidade".[7] Laura Carstensen, psicóloga e diretora do Stanford Center on Longevity, descobriu algo semelhante quando analisou o motivo pelo qual as pessoas mais velhas relatavam menos estresse, preocupação, raiva e sofrimento psicológico do que as pessoas mais jovens. Ela descobriu que, à medida que seu tempo na Terra diminuía, seus objetivos se tornavam mais profundos e suas vidas emocionais, mais ricas, incluindo sua capacidade de perdoar e se reconciliar consigo mesmas e com os outros.[8]

Não precisamos estar mais velhos ou doentes para contemplar nossa morte e, assim, vivermos vidas mais plenas. Pode ser algo que fazemos naturalmente no dia a dia. Por exemplo, certa vez me pediram para consultar um diretor de TV que estava sendo muito comentado e que estava se sentindo "preso" ao embarcar em um projeto grande e ambicioso. Eu disse: "Na década de 2080, alguém está sentado e abrindo o jornal da manhã. Essa pessoa está lendo seu obituário, e o primeiro parágrafo fala sobre sua ilustre carreira como diretor. O segundo é sobre a pessoa incrível que você era para seus amigos e familiares. O terceiro é sobre este projeto. O que há neste projeto que o faz merecer ser o terceiro parágrafo do seu obituário?" Seus olhos se arregalaram e eu juro que pude ver o alinhamento acontecendo. Passamos o resto da reunião nos concentrando nos temas e conceitos mais importantes para sua visão de mundo — noções que já estavam presentes no projeto, mas que ele não havia expressado ou pensado em enfatizar. Assim como a maioria de nós, esse diretor estava imerso no presente, mas as questões sobre a morte o fizeram despertar. Para explorar a mentalidade do Longpath, devemos confrontar e nos reconciliar com o que acredito ser um dos maiores obstáculos para agirmos em prol das gerações futuras — a nossa própria morte. Para isso, todos nós devemos nos envolver com a mais difícil das viagens mentais — uma para o tempo depois de nós.

ESCOLHA UM EMPREENDIMENTO ou esforço significativo em sua vida, algo que consuma muito de seu tempo e energia. Pode ser o seu trabalho, um projeto voluntário que você assumiu ou um evento que está organizando. Agora, considere esse projeto dentro de um contexto de obituário. Isso pertence ao seu? É o terceiro parágrafo? Se sim, escreva-o. Ou é apenas uma frase lançada em algum lugar perto do final? Ou é algo que você não gostaria de ver na maneira como é lembrado? Caso seja o último caso, ainda é algo que requer seu tempo e sua atenção?

Empatia pelos Descendentes

Enfim estamos prontos para vincular a última peça da empatia transgeracional, ou seja, a empatia pelos descendentes. E, antes de prosseguirmos, vamos esclarecer uma coisa: você não precisa ter filhos para ter descendentes. Como disse Madre Teresa: "O problema com o mundo é que desenhamos um círculo muito pequeno para a nossa família." Portanto, não interprete "descendentes" de forma literal. Você impacta as próximas gerações todos os dias, na maioria das coisas que faz e nas decisões que toma. Isso não é algo revelador. A Confederação Iroquesa, a mais antiga democracia participativa que existe (remonta ao ano de 1142!), declarou em seu documento de fundação: "Em todas as nossas deliberações, devemos considerar o impacto de nossas decisões nas próximas sete gerações."[9]

Aqui o fim da vida surge novamente, porque o que realmente estamos discutindo quando falamos sobre sermos bons ancestrais, claro, é o nosso legado. Se a morte é o que dá sentido a nossa vida, então o legado é o que dá sentido a nossa morte.

A abordagem do Longpath nos ajuda a fazer as pazes com a morte, pois nos proporciona um senso de continuidade através de nossos legados. Isso nos ajuda a entender que todos nós temos um impacto, que nossas ações e nossa forma de ser — nossa marca registrada — podem ajudar a avançar a linha de partida para as gerações futuras. Imagine se cada grupo de indivíduos nascidos na mesma época não precisasse começar de novo na linha de partida do autoconhecimento e da realização? Que, ao fazermos o trabalho como indivíduos, poderíamos avançar e acelerar a evolução da sociedade? Imagine o que mover a linha de partida de modo tão drástico poderia significar para o *Homo sapiens* no ano 5000 d.C.

O cuidado que mostramos para com as gerações futuras é o último elo da cadeia; é o que concilia a morte egoica e biológica. Podemos estar mortos no sentido do "hardware", mas nosso "software" continua a evoluir e melhorar a cada descendência. No momento em que sentimos nosso impacto nas gerações futuras, somos guiados a sermos melhores no presente. Não "fazemos melhor" por causa da culpa, mas porque percebemos que estamos desempenhando um papel em *ajudá-los* a ser melhores. Estamos efetuando uma função no que eu considero O Projeto: criar um *Homo sapiens* melhor para os próximos 10 mil anos.

Ao contrário de todas as outras criaturas, somente os humanos têm a capacidade de entender nosso lugar no tempo e na história. Embora todos os mamíferos tenham consciência de que existe um aqui e agora, uma forma de memória, e uma consciência básica do futuro, o que torna a compreensão dos humanos sobre este último tão diferente é que podemos imaginar múltiplas possibilidades e planejá-las anos adiante. Fazemos isso quando dizemos "sim" a um pedido de casamento, ou quando nos matriculamos em uma escola para nos tornarmos profissionais qualificados, ou conforme fazemos uma oferta para comprar uma casa na qual imaginamos nosso futuro eu (e nossos futuros filhos) morando. Usamos nossas recordações do passado para escrever porvindouros plausíveis. Por causa disso, somos os únicos capazes de criar os amanhãs em que queremos viver e, o mais importante, os que queremos que nossos futuros descendentes vivam.

Existe um rico corpo de pesquisa sobre essa habilidade humana chamada consciência futura. Dr. Tom Lombardo, uma das personalidades proeminentes nesse campo, postula que a consciência futura era evidente mesmo em nossos primeiros ancestrais pré-históricos. Considerando que agora podemos olhar para uma sala de estar em uma casa e pensar: "Acho que vou a um bazar e procurar futons para este espaço", nossos predecessores *Australopithecus* e *Homo habilis* pensariam: "Se eu conseguir criar uma ferramenta redonda que eu possa segurar facilmente, decerto seria mais fácil comer mingau." Eles poderiam planejar e, em seguida, tomar medidas comportamentais para executar esse plano. A consciência futura nos dá uma vantagem evolutiva, porque, se pudermos planejar diferentes versões do futuro, teremos mais chances de sobreviver a ele.

Só porque temos a capacidade de planejar o futuro não significa que sejamos bons nisso, principalmente quando se trata de prever como nos sentiremos. Pesquisas mostram que somos péssimos em antecipar até mesmo o que *nos* fará felizes no futuro.[10] Como então podemos imaginar o que fará nossos descendentes felizes? Precisamos melhorar em ambos se quisermos ser grandes ancestrais.

Vamos começar imaginando nosso futuro eu primeiro, porque você precisa correr uma corrida de 5km antes de correr uma maratona. Imagine quem você era há uma década — suas preferências alimentares, seus gostos musicais, seus pontos fracos e suas habilidades. Agora imagine quem você será daqui a dez anos. Do que você vai gostar? Que tipo de artistas você vai ouvir? Que tipo de bolo de aniversário você vai pedir? Caso você seja como a maioria das pessoas, é muito mais fácil ver como você mudou e cresceu nos *últimos* dez anos do que imaginar como mudará e crescerá nos *próximos* dez. Pesquisadores — incluindo Daniel Gilbert, autor do best-seller *O Que Nos Faz Felizes* — chamaram esse fenômeno de "a ilusão do fim da história". Tudo se resume a isto: a qualquer momento, pensamos que continuaremos a ser quem somos. Temos certeza de que nossas preferências, valores e até gostos musicais não mudarão no futuro, ainda que tenham mudado bastante no passado. Mesmo quando julgamos quem já fomos, Gilbert observou que "[o] que nunca parecemos perceber é que nosso eu futuro olhará para trás e pensará exatamente a mesma coisa sobre nós. Em todas as idades, pensamos que estamos rindo por último, e em todas as idades, estamos errados".[11] O mesmo vale para os seres humanos nos últimos poucos séculos — se não milênios. Sempre pensamos que a "nossa" geração é a melhor de todas.

Na verdade, existem algumas imagens cerebrais muito interessantes que acontecem no momento em que você imagina seu futuro eu. O cérebro é muito bom em diferenciar entre noções de si mesmo e noções dos outros, mas, ao passo que você olha para o futuro, seu cérebro vê seu eu posterior como se estivesse observando outra pessoa. Então, quando imagino minha festa de aniversário daqui a vinte anos, vejo (ou melhor, meu cérebro vê) o futuro Ari como se estivesse olhando para algum tio ou personagem de uma peça de teatro. Eu não me *sinto* como ele e, portanto, não me importo tanto *com* ele. Seria ótimo, contudo, se eu pudesse, porque então tomaria melhores decisões hoje para cuidar dele.[12] O psicólogo e pesquisador Hal Hershfield e seus colegas investigaram essa questão. Eles convidaram participantes para um laboratório e fizeram uma imagem digital do rosto de cada pessoa. Em seguida, incumbiram os participantes a usar óculos de realidade virtual 3D para que pudessem ocupar o mundo de sua própria imagem digital. Eles se viam no espelho, com sua imagem se movendo quando o faziam, parando à medida que eles paravam etc.; você entendeu a ideia. Para metade deles, sua imagem digital estava envelhecida; quando se olhavam no espelho, viam uma versão muito mais velha de si mesmos. Duas semanas depois, eles convidaram os participantes de volta ao laboratório e pediram que investissem em uma conta poupança hipotética. Quanto eles gostariam de guardar *agora* para o benefício de seu eu *futuro*? Aqueles que haviam visto uma versão mais velha de si mesmos reservaram o dobro do dinheiro para o futuro em comparação com os que viram uma versão atual de si mesmos. Por quê? Porque eles conseguiam imaginar melhor o que *era* ser mais velho.

Futuros imaginados e emoções reguladas são elos críticos entre quem somos hoje e quem queremos ser amanhã. Eles ajudam a orientar e avaliar nossas ações futuras. Considere meu amor por sorvete. Quando estou diante da geladeira e pego uma maçã no lugar do sorvete, os cientistas costumavam pensar que tudo se devia ao trabalho do meu lobo frontal, a parte do meu cérebro envolvida no funcionamento executivo. Mas há outra divisão do meu cérebro que também se ilumina durante essa decisão — a junção temporo-parietal direita (rTPJ), a qual está relacionada à empatia e ao altruísmo. Nesse caso, o Ari da primavera, olhando para aquele pote de sorvete, consegue deixá-lo de lado porque tem empatia pelo Ari do verão, que não vai querer vestir seus shorts de natação se tiver passado a primavera imerso em seu freezer. Os varejistas usam essas ideias, conhecidas nos círculos da psicologia como previsão afetiva ou emoção antecipatória, sempre que comercializam produtos. Eles querem ajudar os consumidores a imaginar como se sentirão com a pele macia que o sabonete promete. Quando os compradores podem se conectar com esse futuro, é mais provável que desembolsem o dinheiro na hora.[13]

A conclusão? Como nem todos temos acesso a versões virtuais de nós mesmos envelhecidos, precisamos encontrar maneiras de nos sentirmos mais próximos de nosso futuro eu e de nossos descendentes. Precisamos de um meio de viajar mentalmente no tempo — para que possamos tomar decisões que beneficiem a eles no futuro, e a nós hoje.

As representações concretas do futuro são extremamente úteis, ao que parece. Em um estudo no Japão, grupos foram incumbidos de fazer uma escolha entre uma solução mais sustentável ou menos sustentável, como dividir uma pilha de dinheiro ou quantos recursos levar para a geração atual. Algumas equipes tinham um representante designado de uma geração futura e outras não. As que tinham um representante imaginário da geração futura escolheram a opção sustentável 60% das vezes. Se alguém dessa próxima geração não estivesse "presente"? Apenas 28% das vezes.[14] Os japoneses também são conhecidos pelo chamado Future Design, em que os residentes de uma cidade recebem túnicas cerimoniais para vestir enquanto discutem questões de planejamento urbano, imaginando-se como residentes de 2060. O País de Gales tem um Comissário para as Gerações Futuras, que analisa o impacto da legislação a partir da perspectiva de pelo menos trinta anos, e a Suécia tem um Ministro do Futuro.

Podemos aprender com essas iniciativas e melhorá-las.

E se os EUA tivessem um Departamento do Futuro, com um orçamento tão grande quanto o do Departamento de Defesa, trabalhando em questões antes que se tornassem problemas enormes? Imagine caso houvesse um berçário com uma janela enorme bem no plenário do Congresso para que os legisladores pudessem ver literalmente quem está sendo impactado pelas decisões? E se os bebês fossem seus próprios filhos ou netos? Cada sala de reuniões de negócios também poderia ter uma cadeira reservada para esse propósito. Nas reuniões da Amazon, mesmo as pequenas, uma cadeira vazia deve ser reservada para representar "o cliente".[15] Sendo assim, imagine se todas as grandes reuniões do conselho, seja para uma grande corporação como a Amazon ou uma pequena organização sem fins lucrativos como um banco de alimentos local, tivessem uma cadeira vazia reservada para simbolizar as gerações futuras e suas necessidades?

Na minha casa, fazemos isso em pequena escala. Em nossa lareira, junto com fotos dos meus pais e dos pais da Sharon, e fotos de nós e das crianças, colocamos molduras vazias para as próximas gerações. E em toda Páscoa, apesar de ser tradicional deixar um lugar vazio para o profeta Elias, nós reservamos um lugar para nossos descendentes. A Páscoa talvez seja quando sinto mais fortemente minha posição como elo na corrente — vendo aquelas molduras vazias e aquela cadeira desocupada, esperando por seus respectivos humanos; ouvir as vozes de meus filhos lendo o Hagadá, assim como seus ancestrais; saboreando a carne assada, que é uma receita da família da Sharon... essas noites, para mim, são as ocasiões em que a empatia transgeracional acontece com facilidade, quando tenho a *sensação* mais intensa da prática. São os momentos nos quais penso em como meu pai foi sábio quando disse que, para se vingar de Hitler, ele não queria matá-lo, mas ter filhos.

No Longpath Labs, criamos um exercício de ancoragem narrativa projetado para inspirar esse mesmo senso de empatia para o futuro, reunir os fios da empatia transgeracional, mas em um sentido secular. Pedimos aos participantes que primeiro considerem as gerações que estão vivas hoje.

Geração pós-Segunda Guerra Mundial: os Baby Boomers estarão vivos entre 1946–2060.

Geração da cultura acelerada: os membros da Geração X estarão vivos entre 1961–2079.

Geração do novo milênio: os Millennials estarão vivos entre 1980–2094.

Geração da conexão instantânea: os Zoomers estarão vivos entre 1995–2109.

Pense nas influências definidoras dessas quatro gerações. Reflita o que mudou durante suas vidas. Pondere o que é importante para eles. Como você se relaciona com cada um deles? Agora, como você pode imaginar as próximas quatro gerações? Como eles se chamam? O que fazem? Que características e propósitos os definem? Com o que eles lutam? O que você acha que precisarão para prosperar coletivamente?

Não se deixe levar imediatamente para um lugar sombrio ao imaginar o futuro. Se pensarmos na crise climática, na guerra nuclear e em Jogos Vorazes, nosso potencial de conexão e empatia será comprometido antes mesmo de ser estabelecido. Tente, em vez disso, sentir a alegria das gerações que virão. Sua admiração. Sua gratidão. Ao pensarmos bem, temos um considerável conhecimento sobre as necessidades de nossos descendentes. Temos uma boa noção do que deveríamos estar fazendo ou não para conquistar o respeito deles, e talvez até sua gratidão.

VAMOS, AGORA, nomear as próximas quatro gerações:

A Geração ________________: os membros da Geração ________________ estarão vivos entre 2010–2129

A Geração ________________: os membros da Geração ________________ estarão vivos entre 2030–2144

A Geração ________________: os membros da Geração ________________ estarão vivos entre 2045–2159

A Geração ________________: os membros da Geração

________________ estarão vivos entre 2060–2175

Escolha uma geração dessa lista e imagine sua própria versão de um descendente dessa época. Talvez você queira dar a eles um nome pessoal. Agora faça a si mesmo as seguintes perguntas:

Que mensagem você tem para seu descendente?

Que ética e valores você espera que eles levem adiante em suas próprias vidas?

Como seu descendente veria uma decisão que você tomou hoje?

Que trabalho interno você está fazendo, ou precisa fazer, pelo qual eles vão lhe agradecer?

O que você espera que eles deixem para trás ou levem adiante?

Quais arrependimentos você tem para compartilhar? E quais palavras de inspiração?

Estou sendo bastante prescritivo sobre tudo isso, porque a empatia pelo futuro requer alguma prática para nos acostumarmos com ela. Mas o objetivo, assim como acontece com todo o trio transgeracional, é que isso se torne seu modo de ser subconsciente e padrão. Passado, presente e futuro estão com você o tempo todo. É como se você fosse um super-herói, com três poderes diferentes envolvidos em cada decisão que toma, grande ou pequena. Portanto, imagine para onde isso pode levá-lo.

No próximo capítulo, é para lá que nós vamos.

CAPÍTULO 4 | CRIANDO

Futuros e Como Nós Os Construímos

Quando, mesmo no futuro imaginário — um espaço onde a mente pode se estender além da Via Láctea para imaginar viagens espaciais rotineiras, animais espaciais fofinhos, macacos falantes e máquinas do tempo —, as pessoas não conseguem conceber alguém de ascendência não europeia cem anos no futuro, precisamos estabelecer uma posição cósmica.

— YTASHA L. WOMACK

Conforme pensamos em futuros, geralmente tomamos emprestado de uma construção conhecida como futuro oficial: um conjunto compartilhado de suposições (na maioria das vezes silenciosas) sobre o que vai acontecer. Tomamos como certo, por exemplo, que os preços vão flutuar devido à oferta e demanda, que as crianças receberão educação formal nos primeiros anos, que os políticos vão beijar bebês na testa e dizer meias verdades, que sempre haverá os ricos e os pobres. O futuro é intratável; é algo que simplesmente é.

Sempre tivemos forças que escrevem o futuro oficial para nós e, se formos honestos conosco, muitos de nós gostamos que seja assim. Apreciamos regras e diretrizes claras para ter sucesso na vida: se você for bom, vai para o céu, e, se for mau, vai para o inferno; se você for para a universidade, conseguirá um bom emprego, e, se não for, ficará preso em um beco sem saída. "[Viver] com um futuro radicalmente aberto é mentalmente exaustivo", escreveu o historiador e estudioso Nils Gilman, "as pessoas anseiam por uma sensação de certeza sobre o futuro, que é precisamente o que o futuro oficial deve fornecer". *Queremos* que alguém, de alguma forma, em algum lugar, estabeleça as regras do jogo e o que precisamos fazer para jogá-lo bem e sairmos por cima (ou pelo menos não esmagados no fundo). O futuro oficial fornece uma aparência de coerência; ele nos dá objetivos e alivia nossa angústia sobre o amanhã. Lembre-se do último capítulo — os humanos são capazes de pensar sobre o amanhã —, então é natural que também queiramos *saber*, *prever* e *controlar* o amanhã, mesmo que essas habilidades estejam aparentemente fora de nosso alcance.

Embora exista uma versão de um futuro oficial em todas as culturas, no Ocidente, nossa narrativa atual vem do Iluminismo, da Revolução Científica e da Revolução Industrial. A maneira como pensamos sobre o futuro é solidamente baseada na primazia da lógica, na reverência pela ciência e em um forte senso de individualismo. A história do futuro oficial que contamos hoje é que a lógica, a racionalidade e as coisas que podemos ver e medir são o que contam para garantir o progresso humano. E qual é o fundamento? A crença de que os humanos (especialmente os mentores geniais) podem antecipar e conquistar a natureza usando o intelecto e a tecnologia. É tarefa dos titãs da indústria e dos líderes mundiais construir (ou pré-colonizar) o mundo que um dia habitaremos.

Essa narrativa do futuro oficial é poderosa para determinar a direção de nossas vidas. Por exemplo, os carros que você dirige e as estradas em que você trafega têm suas bases, entre outros lugares, na Feira Mundial de 1939 com o tema "Mundo do Amanhã", que teve exibições proeminentes de fabricantes de automóveis como a General Motors e a Ford. A história do futuro oficial que eles contaram era que os carros levariam as pessoas a lugares importantes. E, mais relevante, que carros e estradas eram o "próximo passo" na marcha para o progresso humano. Esse relato ajudou a inspirar o Federal Aid Highway Act, no qual foram construídos cerca de 65.000km de rodovias em 10 anos. O poder do futuro oficial está em sempre conter uma forte visão do mundo por vir. Esta pode ser utópica (como os cartazes de propaganda que a União Soviética espalhou pelos metrôs de Moscou durante a Guerra Fria), distópica (cartas de arrecadação de fundos de organizações ambientais com ursos polares nadando em mar aberto) ou algo intermediário (qualquer revista que contenha anúncios de novas dietas da moda). Agora, a tecnologia e a ciência evoluíram para além dos carros, assim como a narrativa do futuro oficial. (Se este planeta apodrecer, não se preocupe, podemos colonizar Marte! Tendo uma crise existencial? Existe um aplicativo para isso!) Mas há um problema com o bálsamo do futuro oficial: ele não funciona. E, em particular, não funciona em um intertidal, quando as regras do paradigma anterior estão fracassando.

Há um consenso geral entre os chamados futuristas, como eu, de que o conceito de um futuro oficial unificado está se desfazendo. A maioria das pessoas pode ver isso no momento em que olha atentamente para nossa atual narrativa oficial desse futuro sobre a tecnologia: ela não parece nos tornar livres, felizes e capazes de superar ameaças existenciais. Os adolescentes, ávidos consumidores de tecnologia, têm experimentado um aumento nas taxas de suicídio a cada ano desde 2007.[1] Os médicos têm cada vez mais ferramentas de alta tecnologia para ajudar a gerenciar suas práticas, mas também relatam altas taxas de síndrome de burnout.[2] O nível do mar continua subindo, as doenças infecciosas estão aumentando com frequência e as florestas estão queimando em escala épica. A tecnologia até mesmo criou o ecossistema que possibilitou a manipulação do sistema político dos EUA, conforme explicado em um relatório de 2018 divulgado pelo Senado: "As redes sociais deixaram de ser a infraestrutura natural para compartilhar queixas coletivas e coordenar o engajamento cívico, para se tornarem ferramentas computacionais de controle social, manipuladas por consultores políticos astutos e disponíveis para políticos em democracias e ditaduras."[3]

À medida que percebemos que nem sempre a tecnologia é uma salvação, fica claro o quão falha é a própria ideia de um futuro oficial singular. Embora ele proporcione conforto, porque coloca tudo na sociedade dentro de uma história maior — em outras palavras, cria ordem dentro do caos —, ele não é real. O que acontece conforme esse futuro oficial começa a desmoronar? Quando a "nossa história" se desfaz porque a sua própria lógica já não faz sentido? A solução é o segundo pilar do Longpath: pensar de forma mais criativa e inclusiva sobre o futuro.

> PENSE NA CULTURA e na sociedade em que você vive e trabalha. Quais histórias ou temas do futuro oficial você reconhece? O que você aceita como "apenas sendo do jeito que é"? De onde vieram essas expectativas? Como elas podem afetar o que você acredita ser possível?

Flexionando Nossas Capacidades de Futuros

Existem muitos termos acadêmicos grandiosos que são usados à proporção que falamos sobre o trabalho de imaginar futuros ou pensar sobre eles: palavras como previsão, prospecção, previsões futuras, retrospectiva e simulação mental. A abordagem parece teórica, quando, na verdade, idealizar futuros é algo que já fazemos o tempo todo, apenas não necessariamente de forma direcionada. Em um estudo conduzido pelo psicólogo social Roy Baumeister e seus colegas, os participantes relataram que pensavam no futuro três vezes mais do que no passado e que quase um terço de seus pensamentos cotidianos relacionados ao presente tinha implicações para o futuro.[4] O problema é que esse porvir no qual estamos pensando geralmente é o nosso futuro próximo (nosso imediatismo): a roupa que precisa ser recolhida, a consulta ao dentista na próxima semana ou os impostos que precisam ser declarados. Se queremos ir além de um futuro oficial que alguém decidiu por nós e que considere mais do que os próximos dois passos à frente, temos que praticá-lo por nós mesmos. Não é tão difícil, e há momentos em que fazemos isso naturalmente.

Por exemplo, imaginemos uma jovem mulher, vamos chamá-la de Nyesa, que acaba de aceitar um pedido de casamento, e vamos fingir que podemos ver dentro de seu coração e de sua mente. Primeiro, em um nível muito profundo, ela está em êxtase por unir sua vida à de seu amor, e disse sim ao parceiro porque era capaz de imaginar um futuro maravilhoso juntos, as aventuras que eles viveriam e todas as transições da vida que enfrentariam de mãos dadas. Assim que esses pombinhos anunciam o noivado, algumas expectativas oficiais para o futuro surgem. Sua mãe começa a vasculhar o sótão em busca do véu de família que ela quer que Nyesa use, sua futura sogra sugere que os netos não devem demorar muito para chegar após o casamento, e seu querido pai liga para o pároco de sua igreja para verificar a disponibilidade da capela, embora nem Nyesa nem seu companheiro sejam religiosos. E isso é apenas o início. Antes que esse casal possa sequer pensar duas vezes sobre qual seria a melhor expressão de seu amor um pelo outro e como articular seu compromisso diante de seus amigos e familiares, eles são sequestrados. Revistas de noivas, organizadores de casamentos, fornecedores, confeiteiros, costureiras, joalheiros; espaços para eventos e painéis do Pinterest se unem para promover uma versão desse casamento que, em última análise, ajudará a contribuir para uma indústria que lucra de US$50 a 80 bilhões por ano apenas nos Estados Unidos.[5]

Nyesa já estava exaurida. Ela e seu noivo decidiram, então, silenciar seus telefones e sentar em um banco do parque com um notebook. Eles conversam sobre suas experiências em casamentos no passado e riem das cenas de casamento que assistiram na televisão ou no cinema. Fazem uma lista de algumas das tradições de casamento que parecem significativas para eles e que realmente desejam manter. Ao definir uma data, pensam no passado e lembram que, nos últimos anos, as temporadas de incêndios florestais geralmente surgem no fim dos verões secos, então fazem uma projeção e escolhem um dia que seja no final da primavera. Um casamento ao ar livre parece mais autêntico para eles (desculpe, pai!), e eles querem evitar o ar poluído pela fumaça. Dada a variabilidade das temperaturas nessa época do ano, Nyesa e seu companheiro decidem servir um jantar leve para os convidados, caso necessitem se levantar com frequência para se aquecer ou se refrescar durante a recepção. E, por falar em convidados, Nyesa de repente lembra que seu tio Tre não deveria sentar perto do ex-marido se eles quiserem manter boas vibrações durante o evento.

Nyesa e seu parceiro fazem várias simulações mentais do dia, um processo altamente emocional para ambos. Nyesa imagina como será a aparência de seu noivo, como ela provavelmente chorará ao fazer seus votos, a expressão no rosto de seus pais, como será ter todos os que ela mais ama no mundo no mesmo lugar e ao mesmo tempo, e como se sentirá um dia, sentada com seus bisnetos no colo, descrevendo como esse foi apenas o começo da sua história de amor. Seu coração se enche de esperança.

Todos esses pensamentos, emoções e desejos trabalham juntos para conduzir as decisões e os compromissos que Nyesa e seu parceiro fazem sobre o casamento e os passos que eles darão para decretar o futuro que desejam. Eles superam o fardo das expectativas do futuro oficial e cocriam uma versão que reflete e apoia seu amor. Ao longo desse processo, embora Nyesa mal tenha suado, ela tem exercitado tanto o pensamento futuro quanto a empatia transgeracional, sobre a qual falamos no último capítulo. Todos nós temos essa capacidade. Ela está lá, como músculos nos ossos. Precisamos apenas exercitar essas habilidades de tempos em tempos e, às vezes, necessitamos de algum treinamento extra de resistência para que possamos aplicar todas as nossas habilidades de criar futuros para o bem daqueles bisnetos sentados no colo de Nyesa. É assim que tomamos a capacidade de prospecção do *Homo sapiens*, ou o pensamento futuro, e a direcionamos não apenas para um casamento individual, ou mesmo para uma vida individual, mas para o florescimento humano em grande escala.

Como Cocriar o Futuro: O Segundo Pilar do Longpath

Pensar em futuros requer intencionalidade. Se vamos estar por aqui pelos próximos 10 mil anos, temos que nos organizar e decidir a) se realmente *queremos* estar aqui e b) como queremos que seja o mundo. E não me refiro apenas à tecnologia, mas sim ao interior de nossos corações e mentes. Caso não consigamos organizar isso agora, duvido que estaremos aqui nos próximos mil anos — que dirá daqui a 10 mil.

Estamos muito condicionados a pensar sobre o que não queremos. Nossas representações do futuro tendem a ser distópicas, do tipo *O Conto da Aia*, *1984*, *Admirável Mundo Novo* e *Exterminador do Futuro*. Levamos esses avisos a sério e nos concentramos em como fugir de sua eventualidade. Mas não falamos o suficiente sobre o que desejamos alcançar. O primeiro sentimento é familiar para nós: todos sofremos do chamado viés de negatividade

— deixamos as coisas ruins capturarem nossa atenção e tendemos a minimizar as coisas boas. Muitas vezes, tomamos decisões com base nessas percepções negativas. O segundo — pensar no que é possível — parece ousado, como se estivéssemos nos aventurando para fora dos trilhos do futuro oficial e entrando em um mundo selvagem.

Esse processo de trazer intencionalidade e agência para o futuro pode ser intimidador, mas também é muito libertador. Uma vez que percebe que o "futuro oficial" está entre aspas, você nota que tudo é possível, que na verdade existem vários lugares onde poderíamos acabar do outro lado do intertidal. Além disso, ninguém está criando o futuro sozinho. Estamos todos contribuindo, seja por meio de nossas ações ou não ação. Estamos todos vivendo e respondendo a eventos passados e presentes à medida que o amanhã emerge. O que há de bonito na natureza turbulenta de um intertidal é que o que fazemos agora pode ter efeitos exponenciais no que está por vir. Vou poupá-lo da teoria do caos e da complexidade por trás dessa afirmação e resumir dizendo que mesmo pequenas ações podem levar a grandes efeitos (PAGE, meu acrônimo favorito!) e que nossos futuros são abertos, dinâmicos e emergentes, não pré-fabricados.

A questão é a seguinte: como influenciar o futuro de forma democrática e participativa, de modo que nenhuma entidade, indústria ou mesmo religião seja encarregada de nos ditar o que será "o futuro"? Como apoiamos o futuro para que seja multifacetado, progressivamente melhor e coescrito por *todos*? A resposta do Longpath é eliminar a palavra *futuro* no singular, em favor de *futuros*. Não há apenas um caminho predeterminado a seguir, há muitos, e cada um está constantemente se misturando, combinando e inventando o próximo. Não há futuro oficial; existem futuros participativos emergentes. Se esse primeiro é uma orquestração formal e roteirizada, então futuros participativos são o melhor conjunto de jazz que você já ouviu. A interação entre as partes do sistema e o próprio processo torna-se um segmento do que o faz ser mágico.

Não sou o primeiro futurista a sugerir que não precisamos seguir um futuro oficial. É uma espécie de cartão de visita da nossa vocação, na verdade. Um futurista chamado Joseph Voros criou uma ótima imagem com o cone de Voros — também conhecido como cone de futuros, que adaptei um pouco para o Longpath Labs.

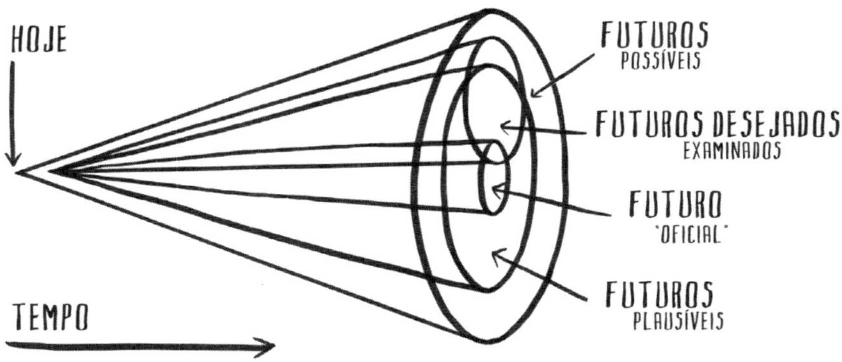

O cone de Voros mostra como há mais ou menos uma linha reta entre o que fazemos hoje e um "futuro oficial". Podemos olhar para ele com uma perspectiva civilizacional, mas vamos começar com o indivíduo. Uma pessoa em particular, a quem chamaremos de Tim.

Tim cresceu em uma comunidade isolada na conservadora cidade de Russell, no Kansas. O *futuro oficial* ao qual ele, sua família e sua comunidade aderem é que ele se casará com uma boa moça, conseguirá um emprego estável, terá um casal de filhos, votará nos conservadores, irá à igreja regularmente, cuidará de seus pais e eventualmente morrerá de doença cardíaca, como a maioria dos homens de sua família.

Agora, o que acontece se expandirmos do futuro oficial restrito para um cone mais aberto e olharmos para um dos *futuros plausíveis* para Tim? Tim está inquieto e, embora não saiba exatamente o que quer, sabe que deseja sair de Russell. Mas como? Ele tem como objetivo se tornar um piloto da NASCAR, um esporte muito popular em seu mundo. Ser um piloto permitirá que ele viaje, ganhe dinheiro e escolha uma gama mais ampla para sua vida. Vamos abrir ainda mais o cone para chegar a um *futuro possível* para Tim. O que é plausível para Tim caso ele realmente ultrapasse os limites? Tim adora cozinhar e é muito bom nisso, então é possível que, em vez da NASCAR ser sua passagem para fora de Russell (ele na verdade não gosta do esporte), seja uma escola de culinária. Ou uma faculdade de medicina. Ou até mesmo música. Seus futuros possíveis têm algumas limitações, é claro, devido às forças tectônicas ou aos impulsionadores de mudança do mundo em que ele vive — a nível social, nós, futuristas, chamamos isso de megatendências. Tim teria dificuldade para iniciar um jornal, por exemplo, porque a megatendência de que tudo está sendo digitalizado significa que outro jornal impresso provavelmente não seria sustentável. (Para saber mais sobre as megatendências do Longpath, consulte a página 147.)

Logo, mesmo quando Tim ultrapassa os limites para imaginar o que é possível, ele ainda não terminou. Embora Tim possa ter um possível futuro como cozinheiro, ele ainda não examinou verdadeiramente essa possibilidade. Ele prefere cozinhar a dirigir, mas será que é isso que ele realmente quer fazer? O que está alinhado com seus valores mais profundos? O que faria seus dias — no trabalho e fora dele — parecerem significativos? Sim, parece cafona, mas o que faria o coração dele cantar? E o que ele gostaria que as gerações futuras pensassem sobre como ele viveu sua vida? Criar futuros examinados e desejados requer olhar não apenas para frente, mas para trás e analisar as forças que o levaram às suas conclusões em primeiro lugar. Isso requer a mistura do cone de Voros com a fita de Moebius dos próximos capítulos. O professor da New School e pesquisador de design Elliott Montgomery chegou a esse conceito com sua reimaginação de um cone de Voros incluindo o passado.

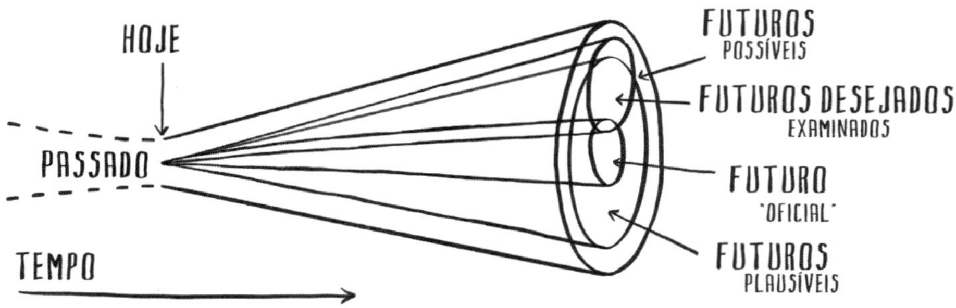

Quando Tim realmente examina o que o levou a ser o que é, um jovem em Russell, Kansas, o Timothy da quarta geração da sua família, ele é capaz de ver quantas suposições realmente tem sobre como estar no mundo. Ele percebe como aceitou sem questionar um futuro oficial e como seus ancestrais fizeram o mesmo. Ele consegue perceber por que pensa sobre o futuro da maneira como pensa — a maneira como a mídia, sua igreja, seus professores e seus pais o fazem pensar que ele precisa ser cristão, heterossexual e o principal provedor financeiro de uma eventual família. A partir daí, ele pode separar o que realmente deseja. E consegue perceber que o que *realmente* quer é passar os dias ao ar livre, imerso na natureza. Ele sempre ficava mais feliz quando sua família passava as férias nas Montanhas Rochosas. Ele se imagina esquiando colina abaixo, com o vento soprando em seu rosto. Ele sempre teve um grande senso de propósito ao ajudar os outros e, por isso, se indaga sobre ensinar a arte do esqui, talvez até para aqueles que têm limitações físicas, como amputados de guerra ou crianças com problemas físicos. E se ele pudesse ensinar esqui a alguém que nunca pensou que experimentaria a liberdade de descer uma colina em alta velocidade? E se ele pudesse ajudar, de alguma forma, a abrir suas mentes para o que é possível, assim como a dele foi aberta?

Todos nós somos como Tim, de uma forma ou de outra, lidando com futuros oficiais, plausíveis e possíveis. No livro *Timeless Simplicity*, de John Lane, ele conta a seguinte parábola:

> *O industrial ficou horrorizado ao encontrar o pescador deitado ao lado de seu barco, fumando um cachimbo.*
>
> *"Por que você não está pescando?", perguntou o industrial. "Porque já pesquei peixes suficientes para o dia." "Por que você não pega mais?"*
>
> *"O que eu faria com eles?"*
>
> *"Ganharia mais dinheiro. Então, você poderia colocar um motor no seu barco, ir para águas mais profundas e pescar mais peixes. Isso lhe daria dinheiro para comprar redes de náilon; mais peixes, mais dinheiro, portanto. Logo você teria o suficiente para comprar dois barcos, e até mesmo uma frota de barcos, então você poderia ser rico como eu."*
>
> *"E o que eu faria depois disso?"*
>
> *"Você poderia relaxar e aproveitar a vida."*
>
> *"E o que você acha que estou fazendo agora?"*[6]

Como os Tims do planeta, o industrial seguia o caminho para um *futuro oficial*, sem examinar por que estava indo para lá em primeiro lugar. Há um fundamento científico para o que estava acontecendo com o industrial: a adaptação hedônica, também conhecida como esteira hedônica. Esta sugere que as pessoas voltam repetidamente a um nível básico de felicidade, não importa o que comprem ou conquistem. Isso significa que o industrial continua adquirindo mais para obter um aumento de felicidade. E quando ela se desvanece? Ele quer mais novamente. E assim ele trabalha cada vez mais para obter felicidade, permanecendo na esteira de sua vida, sem de verdade examinar o que o levou até lá e para onde isso o está encaminhando. Se ele pudesse olhar além de si mesmo, poderia perceber que não está de fato indo a lugar algum e até decidir parar de trabalhar por completo e direcionar sua energia para outras coisas.

Também estamos começando a examinar essa esteira coletivamente. Em um ambiente no qual 60% dos estudantes universitários se diziam ansiosos demais para aproveitar a vida,[7] a professora de Yale Laurie Santos criou um curso sobre felicidade. É de longe o curso mais popular que a escola teve em seus 300 anos de história. O futuro oficial dos jovens de Yale — que, de acordo com a equação do que significa uma boa vida, estão *vencendo* — é um prenúncio de que todos nós podemos estar prontos para uma nova avaliação. Afinal, quem quer um futuro com níveis tão altos de estresse e de ansiedade? Quem quer uma vida insuportável?

RESERVE ALGUNS MOMENTOS para trabalhar com o cone de Voros para si mesmo. O que você vê como seu futuro oficial? Que causas e condições levaram a esse resultado provável? Agora, respire profundamente. Sacuda um pouco os ombros. Relaxe sua mandíbula. Tire a língua do céu da boca. Deixe sua mente se expandir um pouco para considerar alguns futuros plausíveis. Isso pode ser um pouco desafiador, mas geralmente você pode se ver em um futuro plausível. Há uma imagem ou memória vindo à mente? Você pode usar seus sentidos para descrever o que está por vir? Talvez dedique alguns momentos para fazer algumas anotações. Neste ponto, você pode perceber que sua mente está tentando redirecionar sua atenção ou pode ouvir alguma dúvida ou autocrítica. Veja se consegue deixar os pessimismos de lado e permita-se explorar um pouco mais. Alguns de vocês podem achar que isso é o mais longe que podem ir, e está tudo bem, mas, se estiverem dispostos a jogar um pouco mais, vamos ampliar o escopo de sua imaginação para convidar algumas ideias ou sentimentos que podem parecer uma fantasia total, mas ainda são futuros possíveis para você. Deixe-os ser totalmente ultrajantes se isso for divertido para você. Tente suavizar seus olhos e deixar os cantos de sua boca se curvarem ligeiramente para cima, como se fosse sorrir. Veja se pode explorar alguns futuros possíveis que lhe fazem se sentir caloroso, aceito, animado ou curioso. Quais são alguns dos elementos que estão aparecendo nesses futuros possíveis? Qual é a largura do alongamento do seu cone de Voros? Qual é a sensação de ultrapassar os limites do que é possível?

O Futuro Examinado e Desejado

Sócrates proclamou: "A vida não examinada não vale a pena ser vivida." A isso, eu acrescentaria humildemente que não vale a pena lutar pelo futuro não examinado.

Talvez meu maior objetivo como futurista — além de forçar as pessoas a pensar além de sua própria expectativa de vida — seja levá-las a testar seus futuros desejados sob pressão, para ver de onde realmente vêm. Elas estão pensando em futuros participativos, não apenas em um futuro oficial? Estão considerando um futuro desejado que examinaram completamente ou um que internalizaram de modo involuntário ao longo do caminho? Podemos aplicar essas questões nos níveis individual, industrial, social e civilizacional.

No nível individual, considere a questão do transtorno do déficit de atenção e hiperatividade (TDAH). A taxa de diagnóstico aumentou drasticamente em apenas 20 anos — de 6,1% para 10,2%.[8] E a medicação para isso vem sendo prescrita em números proporcionais. Dessa forma, o *futuro oficial* para um garoto chamado Kiron com TDAH não tratado é que ele terá algumas dificuldades. Suas notas podem sofrer, assim como sua autoestima. O *futuro desejado* para Kiron é que ele seja super bem-sucedido na escola e, portanto, na vida, e é por isso que ele começa a tomar Adderall, para torná-lo mais provável.

Esse, no entanto, não é um futuro desejado examinado. Para isso, precisamos ir mais fundo, mais para trás e mais para frente no tempo. Kiron pode muito bem ter TDAH, mas seu pai também tinha, assim como sua avó. O TDAH não era diagnosticado no passado, e não era realmente um problema para eles — sua avó não frequentou a escola depois da oitava série e seu pai tinha muitas formas de canalizar sua energia e encantava seus professores, que lhe davam notas boas o suficiente. O TDAH também pode não ser um problema para Kiron, exceto que o que se espera dele agora é bem diferente do que se esperava de sua avó sessenta anos atrás ou de seu pai trinta anos atrás — ele precisa sentar-se em uma mesa seis horas por dia e depois fazer duas horas de lição de casa à noite, especialmente se pretende obter as notas que ele acha que precisa para poder competir e entrar na faculdade, para que possa conseguir um emprego sentado atrás de uma mesa oito horas por dia. Também é muito mais fácil para Kiron ser diagnosticado do que teria sido para sua avó ou seu pai. Os profissionais estão cientes das diferenças neurológicas e podem prescrever medicamentos para contorná-las.

Dito isso, precisamos avançar no tempo. O que os filhos e os netos de Kiron enfrentarão? Provavelmente, eles terão ainda mais ferramentas à sua disposição — aprimoramentos genéticos, testes de velocidade de aprendizado ou "anormalidades" comportamentais — para aproximá-los de alguma versão de desempenho máximo. Então, o desempenho máximo é o objetivo final? Quem decide o que é realmente esse desempenho? O futuro desejado examinado é aquele em que todos são neurotípicos? Ou ele apresenta uma população humana neurodiversa, na qual seu cérebro não precisa ser conectado de uma maneira particular para ter uma vida feliz e produtiva? Como é o sucesso em cada um desses futuros? Estamos nos conformando com um futuro oficial escrito por alguém com interesse em nos manter presos a essa narrativa por um motivo que beneficia a eles... ou a nós?

Novamente, podemos argumentar sobre *qual* é o melhor futuro — mas precisamos fazer a pergunta. Kiron pode decidir tomar remédios por causa das expectativas de seu ambiente, mas se esforçar para sair desse meio a tempo e depois modificá-lo. O próximo ano pode levá-lo a um lugar diferente, com indagações completamente diferentes. Na tradição talmúdica, dizemos que as pessoas devem *sempre* questionar — que as perguntas nunca devem parar. Dessa forma, as soluções sempre melhoram. Um futuro desejado examinado é um processo, não um ponto final definitivo.

Vamos aplicar esse conceito não ao funcionamento de um indivíduo no mundo, mas ao de uma indústria.

Imagine ser uma mosca na parede de uma empresa de automóveis, onde o *futuro oficial* é aquele em que eles continuam expandindo seus negócios e aumentando seus lucros. Os executivos estão naturalmente focados em carros novos que possam atender às necessidades das pessoas. A empresa está aberta à eletrificação e entusiasmada por fazer parte de uma nova fronteira de redução de emissões de carbono. O problema que eles estão enfrentando: como podemos garantir que os carros elétricos consigam rodar 640km com uma única carga, já que é isso que os consumidores querem?

Essa visão de veículos elétricos é um *futuro desejado*, no qual teremos menos emissões de carbono. Mas não é um futuro desejado *examinado*. Gostaríamos de carros mais eficientes ou, na verdade, queremos formas mais eficientes de nos locomover? Antes de investir incontáveis horas e dólares em uma infraestrutura que suporta veículos elétricos, essa empresa está considerando por que ela assume que os indivíduos precisam de carros em primeiro lugar? Um *futuro desejado examinado*, então, pode ser aquele que considera o movimento em andamento na Europa para criar "cidades de quinze minutos" — comunidades nas quais você pode chegar a qualquer lugar que precise ir regularmente, como escola, hospital, supermercados ou trabalho, dentro de quinze minutos de bicicleta ou a pé. Isso não significa que essa empresa de automóveis será obsoleta. As comunidades ainda terão necessidades de mobilidade, e essa empresa pode desempenhar um papel importante no atendimento dessas demandas. Mas, primeiro, eles precisam sair de seu escopo de um futuro definido que é impulsionado por seus interesses corporativos, a fim de se verem plenamente como parte de um futuro desejado examinado que inclua seus corpos sociais mais amplos.

O mesmo pensamento se aplica — mas é ainda mais complexo — quando se trata de entidades encarregadas de resolver alguns dos maiores problemas do mundo, como fome, pobreza ou a situação dos refugiados. Embora a empresa de automóveis sempre possa ter um propósito, o *futuro desejado examinado* de uma organização sem fins lucrativos encarregada de acabar com a fome deveria logicamente ser que essa ONG não precisasse existir. Porém, muitas organizações sem fins lucrativos que consultei ao longo dos anos não conseguem chegar lá. Elas estão ocupadas administrando crises imediatas, o que é compreensível, mas também frustrante. Conforme sugeri que, além de estancar o sangramento, construíssem processos para que não precisassem mais existir, elas revelaram dificuldade em enxergar futuros alternativos. Seu *futuro oficial* é muito distópico: sempre haverá fome/pobreza/refugiados e, na verdade, a situação vai piorar. É assim que as coisas são. Meu argumento é que, sim, pode levar décadas, mas temos que começar com um *futuro desejado examinado*; caso contrário, certamente nunca chegaremos lá.

É como o método de "trabalhar de trás para frente" defendido por pessoas como Steve Jobs, em que uma empresa inicia um decurso de desenvolvimento de um novo produto com um comunicado de imprensa falso do dia — bem no futuro — em que o produto é apresentado ao mundo. Eles começam com a visão, centrada no objetivo de encantar o cliente, e depois trabalham de trás para frente para torná-la realidade. Como essas entidades sem fins lucrativos podem fazer seu trabalho se não estão pelo menos almejando um mundo onde seus serviços não precisem existir? Qual é o comunicado de imprensa falso do dia em que eles não forem mais necessários? Como seria esse futuro desejado?

VAMOS VOLTAR por um instante e olhar para o nosso cone de Voros do último exercício. Qual era o seu futuro oficial? Qual era o seu futuro desejado examinado? Você consegue explorá-lo em um contexto coletivo? Em outras palavras, se você colocasse seu futuro desejado no centro de uma teia interconectada de outros futuros desejados, o que precisaria ser verdade no mundo para que eles se manifestassem? Como seria esse mundo? Como seria a sua Feira Mundial do Mundo de Amanhã para a sociedade?

Ok, agora levaremos a noção de futuros além do indivíduo e da indústria para o nível civilizacional. Imagine o que aconteceria se pudéssemos nos reunir enquanto *Homo sapiens*, todos os 8 bilhões de nós. Nosso *futuro oficial* pode se parecer com o que todas as ONGs veem: uma bagunça distópica em que cada ser humano está por si mesmo. Um *futuro desejado* pode ser aquele em que o poder é distribuído, onde há justiça social e as diferenças entre ricos e pobres são insignificantes.

Um *futuro desejado examinado* é aquele em que o próprio poder se apresenta de forma muito diferente. É aquele em que talvez possamos imaginar um ambiente que permita a cada indivíduo maximizar seus talentos para tornar o mundo melhor para as próximas gerações e ainda ser feliz e bem-sucedido em recursos. O sucesso material pode muito bem fazer parte desse futuro desejado examinado, não a serviço dos fabricantes e marqueteiros, mas garantindo que todos possam prosperar. As pessoas têm um amplo senso de agência e podem expressar a melhor versão possível de si mesmas. A tecnologia também pode fazer parte desse futuro desejado examinado, não estritamente a serviço de seus acionistas, mas, novamente, de todos. Talvez seja um mundo onde fazemos progressos espirituais e psicológicos todos os dias. Talvez seja um mundo onde continuemos a questionar futuros e nos esforcemos não apenas por computadores mais rápidos, mas também por corações maiores e mentes mais perspicazes.

A questão é que temos um *objetivo final* ou, para usar o termo grego original, um télos. O télos faz uma das perguntas mais fundamentais da existência: "Para que fim?"

Nossa Ítaca

Na *Odisseia*, Odisseu passa dez anos em guerra e depois mais dez anos procurando o caminho de volta para casa. Seu télos era bastante claro: ele estava imaginando Ítaca e seu amor, Penélope. Não importava para que lado o vento soprasse, ele sempre sabia para onde estava indo. No livro *Em Busca de Sentido*, o psiquiatra e sobrevivente do Holocausto Viktor Frankl escreve sobre como, nos campos de concentração nazistas, "aqueles que sabiam que havia uma tarefa esperando por eles para ser cumprida eram os mais aptos a sobreviver". Ele possuía um télos pessoal: um manuscrito pronto para publicação que ele havia escrito tinha sido confiscado, e ele queria reescrevê-lo. Quando teve tifo durante seu aprisionamento, ele escreveu notas para ajudá-lo nesse processo. "Tenho certeza de que esta reconstrução do meu manuscrito perdido nos quartéis escuros de um campo de concentração bávaro me ajudou a superar o perigo de colapso cardiovascular", escreveu ele.[9]

Agora, imagine um télos a nível civilizacional. Para o que estamos trabalhando? A segunda vinda de Cristo? O Messias? A singularidade na qual humanos e máquinas se fundem em um só? Algo mais? E quando e onde podemos ter essa conversa a nível global?

O télos é parte integrante do segundo pilar do Longpath, pois é o propósito — mesmo que evolua — de todos os nossos esforços.

É o "motivo" de fazermos o que fazemos. Sabemos que queremos futuros desejados e que precisamos examiná-los constantemente. Mas com o que verificamos esses futuros examinados? Como Odisseu, precisamos de uma Ítaca. Alguns dizem que a perdemos, apesar de eu não ter certeza se tínhamos uma Ítaca para começo de conversa. Precisamos de uma, no entanto, para que, independentemente do que o mundo jogue sobre nós, permaneçamos no caminho. Isso é o télos. É o objetivo acima de todas as tendências e megatendências da vida.

Vou ser ousado aqui e assumir um télos comum para todos os leitores deste livro: vou presumir que você quer que *sejamos* melhores — uma espécie de *Homo sapiens* melhor do que nosso parente de mais de meio milhão de anos atrás e melhor do que quem somos agora, uma espécie que tenha a compaixão de Madre Teresa, a inteligência de Einstein e o espírito colaborativo das 2 milhões de pessoas que se voluntariam por ano para a Habitat para a Humanidade. Você provavelmente quer um mundo onde ainda sejamos totalmente humanos (em oposição a um bando de ciborgues assistidos por IA), só que excelentes, para que possamos erradicar o sofrimento desnecessário e o trauma intergeracional. Você provavelmente deseja um mundo onde possamos maximizar o potencial humano nos níveis individual e social, e manter um planeta Terra saudável e vibrante para as próximas gerações.

Neste ponto, as pessoas normalmente ficam confusas. *Tudo bem, Ari, mas como diabos vamos chegar lá?* Bem, em primeiro lugar, o télos não é um lugar tanto quanto é um horizonte. Então, você nunca chega lá em um sentido mágico e utópico. E segundo, para pegar emprestada uma frase de Peter Block, a resposta para "como?" é "sim". Você apenas faz, com cuidado e atenção. Télos é o mecanismo, o verdadeiro norte magnético, que permite alinhar suas ações e seus pontos de decisão em direção ao seu objetivo final. Você só precisa se perguntar: "Isso está alinhado com o meu télos?" para ajudar a mudar sua trajetória. Quando usamos o télos na sala de reuniões, surgem empresas de alimentos e de bebidas como a Rebbl, que busca acabar com o tráfico humano e melhorar a vida dos sobreviventes; agências de viagens como a Playa Viva, que criou um sistema de agricultura orgânica que beneficiou não apenas o resort, mas também a área circundante; e empresas de roupas como a Jackalo, que recompra as roupas que vende depois que as crianças crescem e então as renova, revende ou recicla.

PENSE EM UMA CRISE, ou apenas em um problema complicado que você está enfrentando. Pode ser no trabalho ou algo com o qual você está lidando em casa. Enquanto você busca soluções, como seria ter duas perspectivas? Você consegue encontrar uma saída imediata que atenue o problema e outra que plante uma semente de alfarrobeira para o futuro? Essas soluções podem ser as mesmas? E se você usasse esses panoramas para resolver todas as suas principais adversidades?

Quando usei o télos depois de receber a notificação sobre a tarefa de espanhol de Ruby, no Capítulo 1, consegui afastar minha preocupação de curto prazo, alimentada pela pressão social, sobre o futuro de Ruby. Eu sabia não apenas o que não queria — uma briga com minha filha que inevitavelmente nos levaria a cantos separados —, mas também o que queria. Eu desejava um mundo onde as notas fossem relegadas ao seu devido lugar como secundárias, um mundo em que nossos filhos também entendessem que suas notas não os definiam, mas sim como eles lidavam com outras pessoas. Ao passo que Michelle, da pista de esportes, utilizou o télos, ela não pensou apenas em como queria uma instalação esportiva construída para durar, mas em como queria um mundo onde "construído para durar" fosse a forma padrão de pensar, não uma aspiração, e onde o produto do trabalho fosse avaliado, pelo menos em parte, pelo seu impacto social e ambiental. Caso alguém estivesse em seu lugar centenas de anos no futuro, ela gostaria que essa pessoa pensasse automaticamente em *seus* descendentes, em vez de apenas nos custos de curto prazo.

O que todos esses exemplos têm em comum é uma visão teleológica do florescimento coletivo. O florescimento não é um estado estático, uma visão utópica ou um ideal valorizado. Não é como Gollum acariciando seu anel precioso nos romances de Tolkien. Ao contrário disso, o florescimento coletivo é uma meta de bem-estar sustentado que serve a todos os povos e ecologias com equidade, bondade, crescimento, generatividade, conexão, significado, resiliência e vitalidade.[10] Embora tudo isso possa parecer abstrato, na verdade não é. Podemos *ver isso* no exemplo de uma pequena vila perto de Amsterdã chamada Hogewey.

Hogewey se parece com o que você esperaria de uma vila. Tem casas, um mercado, um parque, um restaurante, um pub. Tem ruas, vielas e bancos públicos. E, na prática, é um asilo para pessoas com doença de Alzheimer e demência. A cofundadora da Hogewey, Yvonne van Amerongen, disse que ela e seus colegas começaram o projeto quando perceberam que asilos para pessoas com Alzheimer não eram nada parecidos com a "vida real". No lugar disso, eram como hospitais, com dezenas de pessoas vivendo em enfermarias fechadas. Os residentes eram privados de qualquer coisa que se assemelhasse à vida que conheciam, adicionando mais confusão ao seu já desordenado processamento mental. Então, Yvonne e seus cofundadores foram em direção ao futuro oficial, ao que era possível, desejável e examinado, e Hogewey surgiu.

"Todo mundo quer diversão na vida, uma vida significativa", disse Yvonne. "Queremos sair de casa, fazer compras e conhecer outras pessoas. A vida social é importante. Significa que você faz parte da sociedade, que você pertence a um lugar. E é disso que as pessoas precisam, mesmo que estejam vivendo com demência avançada." O que Yvonne e seus colegas encontraram foi uma encarnação do florescimento coletivo, um lugar onde a dignidade e a humanidade eram centrais, onde os residentes podiam interagir uns com os outros e com a equipe e os voluntários ao seu redor em ambientes "normais", e que não custava mais do que um asilo tradicional. "Tem a ver com pensar diferente", disse Yvonne, "olhar para a pessoa na sua frente e ver o que ela precisa agora. E corresponde a um sorriso, com pensar diferente; diz respeito a como você age, e isso não custa nada".[11]

VAMOS COMEÇAR ESTE exercício coletivo de florescimento com um olhar longo e suave. Imagine o tipo de devaneio fixo que você experimenta quando está sentado em algum lugar sem mais nada para fazer, sem pressão, observando um nascer ou pôr do sol. Talvez, com o canto do olho, você perceba a leve curvatura que acontece no horizonte distante, lembrando que você está aqui — na Terra — girando e viajando pelo espaço. Seus problemas e suas preocupações parecem pequenos no grande esquema das coisas. Que milagre é estar aqui, como parte deste mundo natural, contemplando o mesmo horizonte distante que milhões antes de você contemplaram, e milhões depois de você também contemplarão. É bastante tranquilo não ter que estar no controle deste momento. O dia começará ou terminará sem a sua interferência. Você percebe pássaros e insetos voando ao redor. O vento soprando através da grama ou da areia. Ou talvez das roupas penduradas para secar. Você se pergunta: o que me traz paz? O que me traz alegria? O que me faz sentir pertencimento? O que me faz sentir seguro? O que me faz sentir amado?

Talvez existam vozes ou outros sons ao seu redor. Animais latindo ou o tráfego ao fundo. Veja se você consegue focar uma pessoa ou criatura. Em silêncio, faça a elas as mesmas perguntas que você tem feito a si mesmo: o que lhe traz paz? O que lhe traz alegria? O que faz você sentir pertencimento? O que faz você se sentir seguro? O que faz você se sentir amado? Se parecer apropriado, você pode se levantar e fazer essas perguntas para a outra pessoa em voz alta.

Quer as respostas sejam reais ou imaginárias, há alguma sobreposição entre as suas respostas e as delas? Diferenças? Conflitos? Você consegue imaginar um mundo onde suas respostas possam coexistir? Existem reconciliações ou compromissos criativos que seriam necessários? Caso você tenha tempo, também pode tentar aplicar um pouco de empatia transgeracional aqui e fazer as mesmas perguntas a uma pessoa hipotética em um futuro distante.

Até aqui, o Longpath envolveu muito pensamento, muita conexão com as emoções e mudança de mentalidade. Mas também precisamos de ação para nos impulsionar em direção à visão de futuro que queremos. Não podemos apenas pensar e sentir nosso caminho em direção à Terra Prometida. Temos que entrar no trajeto e começar a percorrê-lo em direção a ela. É uma jornada que parece infinita. E assim, para ter inspiração e sabedoria sobre como fazer isso e por onde começar, recorro à história de um engenheiro brilhante e um pequeno pedaço de metal.

Chame-me de Compensador

Na Segunda Guerra Mundial, a Marinha dos Estados Unidos contratou o inventor e futurista (e, em certo momento, professor da minha mãe) Buckminster Fuller para resolver um problema. À medida que os navios ficavam cada vez maiores, tornava-se mais difícil manobrá-los. O esforço de guerra exigia grandes navios, mas também manobrabilidade. Então, Fuller inventou o compensador — uma tira de metal de 15cm de largura, presa por dobradiças na borda traseira do leme do navio. Ao se inclinar contra a resistência

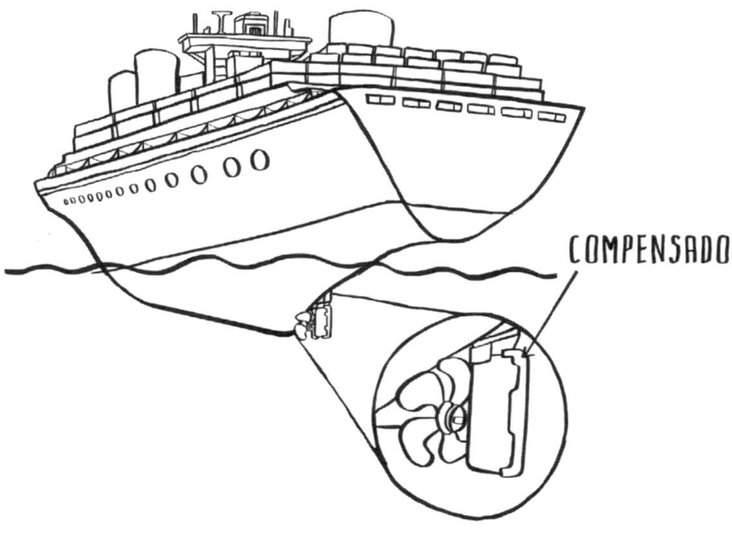

da água que vinha em direção ao navio, essa pequena tira de metal fornecia a "força" necessária para balançar o enorme leme do navio e, assim, virá-lo. Mais tarde, Fuller usou o termo *compensador* como uma metáfora para o potencial humano: se estivermos dispostos a ir contra o fluxo, uma mudança muito pequena pode mudar algo muito grande. Inclusive, podemos ler em sua própria lápide: "Chame-me de Compensador."

A experiência humana atual, de certa forma, é um navio de guerra. Pode parecer que determinadas coisas são simplesmente grandes demais para mudar neste momento — estamos indo a todo vapor para o futuro oficial (catastrófico). Mas, se percebermos que devemos mudar de direção e se encontrarmos forças para enfrentar a resistência, *podemos* virar o navio — mesmo a nível individual. Assim, imagine um compensador em larga escala — todos fazendo uso disso a cada instante — e como isso pode impactar o presente e, sobretudo, os futuros. De repente, a esperança floresce.

Os compensadores mostram que pequenas ações podem ter grandes impactos, e algo que você pode fazer agora para sua própria vida, para sua organização e para a sociedade pode se estender para além de você. Um compensador, com um futuro desejado examinado em mente, é algo que pode mover você — e a todos nós — para mais perto do mundo próspero alinhado ao télos no qual você deseja viver. Tente não pensar apenas na maneira como você compra substitutos de carne, roupas usadas ou faz compras em feiras de agricultura familiar. Esses são compensadores excelentes, não me entenda mal. Mas estamos tão acostumados a pensar em nosso poder como consumidores e em nossa interação com o mercado que não pensamos no que Yvonne mostrou com Hogewey: o poder de nossos entrosamentos com outros seres humanos. Isso pode ser terno, sendo o tipo de pessoa que oferece o braço a um idoso ao atravessar a rua, ou feroz, como alguém que se posiciona firmemente contra abusos de poder. Os compensadores não são formas de contornar o trabalho da verdade, de reconciliação e de transformação; são maneiras de começar a fazer o trabalho de criar um futuro melhor para si mesmo, para a comunidade, as organizações ou a sociedade imediatamente, a fim de que mudanças sistêmicas mais amplas surjam em paralelo. É ajustar pequenas partes do nosso código-fonte para que nossos algoritmos comportamentais padrão funcionem melhor em todos os aspectos.

Vou dar um exemplo rápido de compensação. Eu sou um multitarefa consumado. Ainda assim, sei que a multitarefa — especialmente quando envolve tecnologia — afeta minha conexão com outros humanos. À proporção que penso no futuro distante, quero ter certeza de que ainda estamos sentindo, ainda estamos falando, compartilhando e fazendo todas as coisas que nos tornam humanos. Um dos meus compensadores é olhar o máximo de pessoas nos olhos que puder, sorrir e compartilhar um momento significativo, mesmo que seja apenas por um segundo enquanto deixo que escaneiem minha identidade na segurança do prédio. Sei que isso tem um efeito cascata de maneiras que talvez eu não veja direta ou imediatamente. É uma forma de agir agora para garantir a preservação da humanidade no futuro. É criar o mundo no qual quero viver e no qual também quero que as gerações futuras vivam.

Provavelmente, você já usa vários compensadores, mesmo que não os chame por esse nome. Alguns deles acontecem no nível do consumo, como em quais lojas você compra e o que compra. Alguns podem ser coisas como dar um abraço em seu filho todas as manhãs. Outros podem ser totalmente internos, como responder à voz em sua cabeça que não tem nada de positivo para compartilhar. Mas no instante em que trabalhamos com nossos compensadores, conforme vamos contra o fluxo dominante, estamos um passo mais perto de virar o navio em direção ao futuro que queremos.

PENSE EM SUAS respostas às perguntas de florescimento pessoal e coletivo que fizemos no exercício anterior. Quais são os dois ou três compensadores pequenos e gerenciáveis com os quais você pode se comprometer hoje que apoiariam uma mudança interna em si mesmo para ajudar a trazer um futuro próspero? Quais são os dois ou três compensadores que dariam suporte a mudanças externas em seus relacionamentos, trabalho, cultura ou ambiente? Esses compensadores se parecem com o tipo de florescimento que você espera provocar? Se o seu compensador envolver uma mudança de comportamento, como você planeja se responsabilizar (ou sua família, equipe, organização) até que seu novo hábito se torne rotina?

Tenho muito otimismo em relação ao futuro. Uma das atividades favoritas da minha família é assistir aos lançamentos da SpaceX, porque eles nos enchem de admiração por tudo de que os seres humanos são capazes. (Ou talvez minha família esteja apenas querendo me agradar.) Nós, *Homo sapiens*, somos capazes de feitos incríveis. Ao pensar nisso dentro do amplo arco da história, realmente não se passou tanto tempo entre a era copernicana, quando reconhecemos pela primeira vez que a Terra gira em torno do Sol, e eu sentado no sofá assistindo ao lançamento de um foguete. Somos uma espécie impressionante, então precisamos aproveitar nossa magnificência e direcioná-la da forma certa. Podemos usar este momento intertidal para lutar contra nossos impulsos de curto prazo, para sintetizar nosso passado profundo e nosso futuro prospectivo, bem como para imaginar e avançar em direção a um futuro de florescimento coletivo. Mas de jeito nenhum chegaremos lá com um individualismo rude ou com uma engenhosidade pessoal. Precisamos trabalhar juntos. E, para fazer isso, necessitamos nos conectar com os outros.

CAPÍTULO 5 | FLORESCENDO

Trabalhando Juntos por um Mundo Melhor

Quando conhecemos e reverenciamos a totalidade da vida, podemos ficar alertas e firmes. Sabemos que não há salvação individual. Damos as mãos para encontrar maneiras através das quais o mundo
pode curar a si mesmo.

— JOANNA MACY

Imagine um desfiladeiro íngreme que divide duas seções de terra habitável. Surge então um indivíduo que deseja atravessá-lo. Ele avalia suas opções e, por fim, usa um slackline simples para avançar com cautela e cuidado. Com o tempo, alguns outros se unem a esse indivíduo no desejo de cruzar o desfiladeiro e, juntos, constroem uma ponte de corda. Ela é resistente o suficiente, mas precisa de reparos ou substituição com regularidade. Assim, a vila próxima ao desfiladeiro se reúne e decide levantar fundos para construir uma ponte suspensa, que durará gerações e será cuidada e mantida por cada descendência. A ponte suspensa permite que haja mais comércio, melhores práticas de saúde e mais conexão entre as pessoas. Embora um único ser humano possa ser o catalisador para demonstrar uma necessidade e expressar uma visão, para que muitos se beneficiem da solução, precisamos coordená-la. Em outras palavras, se todos no mundo adotassem uma mentalidade Longpath por conta própria, faríamos um progresso real em direção a um futuro desejado. Mas, para atingir um maior impulso em direção a um mundo que se aproxima do que queremos, necessitamos trabalhar juntos.

A sabedoria de que "se quiser ir rápido, vá sozinho; se quiser ir longe, vá acompanhado" pode parecer óbvia, mas trabalhamos, pensamos e agimos contra essa visão o tempo todo. Vivemos em uma cultura, particularmente nos Estados Unidos — onde, ironicamente, nosso lema é "De muitos, um" —, que valoriza o esforço individual e singular acima da cooperação. Basta olhar para as prateleiras de uma livraria, para as massas de livros de "autoajuda" sobre como se livrar de *seus* próprios obstáculos, amar a *si mesmo*, *se* esforçar, *se* conhecer etc. Também sou culpado disso com este livro — até agora, grande parte da mensagem do Longpath tem sido sobre trabalhar em seus próprios processos internos de pensamento e ações externas. Mas precisamos de uma perspectiva que vá além da narrativa reforçada do individualismo. O propósito individual deve estar inserido em uma trajetória geral mais ampla para a humanidade, ou o que apresentei como O Projeto no Capítulo 3.

Em vez de pensar em nossos esforços como troncos individuais, rigidamente empilhados uns sobre os outros para construir uma casa, faz-se necessário pensar em nossos esforços mais como uma cúpula geodésica, que distribui o estresse uniformemente através das treliças triangulares que compõem a estrutura. Essa é uma tensão compartilhada. O que acontece com uma parte afeta a resposta do todo, e é nessa tensão relacional que a forma geodésica obtém sua força impressionante. Caso você acampe no Monte Everest, com seus cenários hostis e em constante mudança, provavelmente usará uma barraca projetada com princípios geodésicos. Se você está tentando navegar em um intertidal e impactar toda a humanidade, também pode ser uma boa ideia instruir-se a se situar de uma forma que lhe permita fornecer e receber apoio durante tempos incertos.

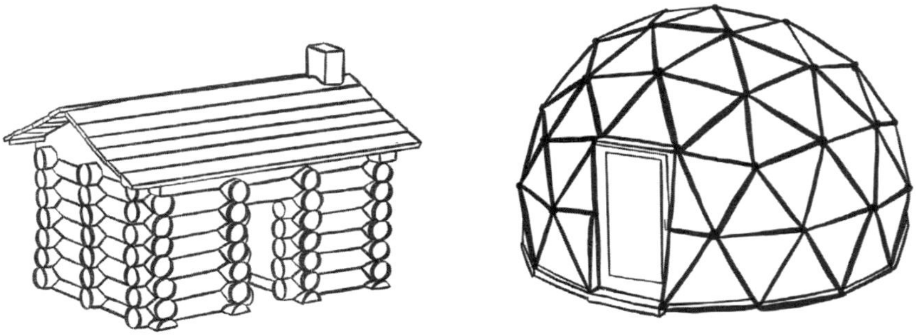

É exatamente disso que precisamos agora como espécie: aprender a lidar com a nossa tensão relacional e a nossa interdependência, a fim de nos tornarmos não apenas mais fortes, mas também mais resilientes, adaptáveis e criativos. Isso é mais fácil quando o poder é compartilhado, quando há uma reciprocidade distributiva. Pessoas, ideias e culturas se chocando umas com as outras — dentro de um todo reconhecido — permitem que outros espaços e caminhos se abram, para que algo ainda mais empolgante surja. Sem tensão relacional, o mundo poderia nunca ter conhecido o cronut — a deliciosa fusão entre croissant e donut. Ou talvez não tivéssemos tido o fenômeno do musical *Hamilton*, de Lin-Manuel Miranda. No papel, a ideia de um musical da Broadway sobre o primeiro secretário do Tesouro não fazia sentido, muito menos um musical de *hip-hop*. E, no entanto, a relação entre hip-hop, história e teatro musical convencional produziu uma nova forma; um espetáculo que parecia impossível virou sensação e inspirou novas gerações de artistas e modelos da indústria.

No Capítulo 2, falamos sobre a neuroplasticidade, a descoberta de que o cérebro é capaz de crescer e estabelecer novas conexões ao longo da vida. Este capítulo trata da plasticidade a nível social, sobre mudar nossas interações uns com os outros para fazer pleno uso de nossa capacidade cooperativa e de nossas tensões relacionais. Em vez de uma reformulação total do nosso jeito de ser, estou falando de pequenos ajustes que, no fim do dia... ou melhor, do milênio... contribuirão com um novo tipo de padrão.

Temos a capacidade de crescer, juntos, como civilização, e de vislumbrar múltiplos futuros que sejam cocriados, emergentes e alinhados com o Projeto de prosperidade pelos próximos milhares de anos. Este não é o nosso primeiro intertidal, mas *é* o primeiro em que a globalização e a tecnologia mudaram completamente o jogo. Como nosso mundo agora está tão hiperconectado, este é o primário em que temos o conhecimento, o contexto e os recursos para imaginar futuros de maneira não exploratória... *ou* para semear as sementes da destruição de nossa espécie por meio de IA, guerra nuclear, clima ou qualquer outra variedade de ameaça existencial. É por isso que este momento de intertidal é ao mesmo tempo aterrorizante e emocionante. Porque se quisermos nos erguer e melhorar, e não cair ou regredir, isso exigirá uma multidão de pessoas — não apenas um lado ou uma facção. Para atingir uma massa crítica, precisamos que a cadeia do ser se transforme em cadeias do ser interligadas, de modo que a humanidade — passada, presente e futura — se assemelhe a uma treliça com inúmeros pontos de entrada que convidem as pessoas ao Longpath.

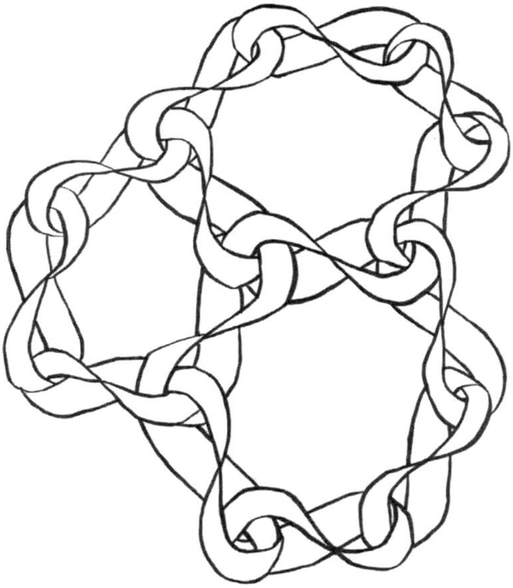

Então, Como Fazemos Isso?

Como Encontramos os Outros e Evoluímos?

Intolerância no século XXIII? Improvável! Se o homem sobreviver tanto tempo, terá aprendido a se deliciar com as diferenças essenciais entre os homens e as culturas. Ele aprenderá que as distinções de ideias e atitudes são um deleite, parte da empolgante variedade da vida, e não algo a ser temido. É uma manifestação da grandeza que Deus, ou seja lá o que for, nos deu.

— GENE RODDENBERRY, *THE MAKING OF STAR TREK*

"Encontrar os Outros" soa um pouco como um thriller psicológico à primeira vista, mas o que tenho em mente aqui não é um teste secreto de aperto de mão ou um cheiro para que você saiba quem mais pensa como você. Em vez disso, somos *todos* outros — todos temos um lugar na história humana. Este trecho do Longpath trata simplesmente da necessidade de lembrar que cada "eu" é parte de um "nós" coletivo. O trabalho começa reconhecendo nossas semelhanças, mesmo em um mundo tão fragmentado quanto o nosso. *Especialmente,* em um mundo tão fragmentado como o nosso.

Sempre que corro o risco de esquecer isso, penso no kitel. Trata-se da túnica branca usada pelos homens judeus em feriados, casamentos e, muitas vezes, enterros. Minha mãe sempre dizia que o kitel não tem bolsos. "Você não leva nada com você", ela me lembrava sempre que eu estava preocupado com esta ou aquela queixa ou preso a esta ou aquela afronta à minha identidade. "Você deixa tudo no campo da vida." É uma *simplificação.* O kitel me lembra de que nascemos nus neste mundo, e assim também o deixamos. Todos nós.

Minha boa amiga e colega do Longpath Labs, Kimberly Streeter, é uma doula de nascimento e morte em seu tempo livre, e ela sempre fala sobre esses momentos como os mais humanos de nossas vidas. Quando um espaço seguro é criado e o cuidado é oferecido com atenção intencional e sintonizada, as pessoas podem coexistir umas com as outras em níveis profundos. Os eventos atuais desaparecem. Os horários desaparecem. Os apegos desaparecem. O próprio tempo desaparece — é como um tempo fora do tempo. É desconectar-se para se reconectar com o panorama geral, com o que realmente importa, e reconciliar nossas visões dos melhores resultados possíveis. "Os humanos há muito realizam ritos de passagem para marcar mudanças significativas em suas vidas", diz Kimberly, "incluindo iniciações na vida adulta, casamentos ou transições para a paternidade. Você é uma coisa, então atravessa um limiar para algo entre, e então emerge como outra coisa... algo mais do que você era".

Tradicionalmente, esses ritos de passagem eram acompanhados por rituais profundos e performances simbólicas que nos conectavam a uma visão ou significado maior do que nós mesmos, e não estou falando das versões superficiais, sem substância. Você não precisa de festas elaboradas de debutante com animais vivos, bolos de casamento de sete camadas ou revelações de gênero repletas de fogos de artifício — tudo isso desvia a atenção do significado transformador do ritual. Uma comunidade só precisa se unir para reconhecer e apoiar uma passagem que afeta tanto o indivíduo quanto o todo. De muitas maneiras, como Kimberly coloca, "os intertidais são os ritos de passagem da humanidade. Eles são nossa chance em 1 milhão de evoluir. Mas este intertidal é também a primeira vez que temos a oportunidade de reconhecer que estamos atravessando um limiar intertidal enquanto está acontecendo, dando-nos a chance de cocriar as regras e os costumes que guiarão nossa passagem e de definir intenções para como emergiremos do outro lado". Somos todos novatos aqui, e provavelmente é melhor nos aventurarmos juntos nesse grande desconhecido.

Para encontrar os outros, podemos nos conectar a esses tipos de espaços intersecionais que reconhecem e constroem nossa humanidade compartilhada, e estaremos no caminho certo para viver o Longpath. Algumas semanas atrás, eu estava no parque com meu cachorro, Ozzie, quando ouvi uma ambulância e a vi parar a 30 metros de onde eu estava. Em apenas alguns minutos, vi paramédicos fazendo RCP em alguém em uma maca, enquanto o que parecia ser uma filha e sua mãe estavam por perto, abraçadas e chorando. Não sei o que aconteceu depois que a ambulância se afastou, mas, tendo perdido meus pais após tentativas fracassadas de RCP, tive a forte sensação de que a pessoa faleceu. O incidente me afetou pelo resto do dia. Fiquei pensando na filha e na mãe: *o mundo delas mudou completamente. E aqui estou eu, indo ao mercado comprar mais ovos e leite para o café da manhã.* Eu não as conhecia, mas me senti conectado a elas, com um forte senso de companheirismo humano ao lidar com todos os altos e baixos da vida.

Na noite seguinte, eu estava passeando pela cidade e me deparei com uma jovem mãe segurando seu bebê. Esse bebê era recém-nascido — talvez com duas semanas de idade. Fiz contato visual com a mãe e coloquei minhas mãos no coração no gesto universal para "*Meu Deus, não é incrível?*" Ela sorriu para mim e acenou com a cabeça. Nenhuma palavra foi dita entre nós, mas compartilhamos um momento de conexão, uma sensação de que éramos companheiros de viagem no que Buckminster Fuller chamava de Espaçonave Terra. Afirmamos por meio dessa pequena interação que ambos gostaríamos de viver em um mundo onde completos estranhos ainda pudessem se maravilhar juntos com o fenômeno inacreditável que é uma vida totalmente nova.

Sabemos, graças à pesquisa de pessoas como meu amigo David DeSteno, que podemos criar a partir dessas semelhanças, podemos encontrar esses momentos que nos lembram de tudo o que compartilhamos. E, conforme o fazemos, somos melhores uns com os outros. Dito de outra forma, a moralidade é *flexível.* O laboratório de David fez um experimento em que, quando os participantes eram solicitados a tocar o mesmo padrão de outra pessoa na sala, eles ficavam mais propensos a querer ajudar essa pessoa em uma tarefa difícil. Isso era suficiente: alguns minutos tocando o mesmo ritmo e as pessoas se viam não como completos estranhos, mas como companheiros de viagem a quem estenderiam as mãos.

Um exemplo famoso de conexão humana dessa maneira vem da Primeira Guerra Mundial, ao passo que as forças alemãs e britânicas ocupavam trincheiras opostas na frente ocidental da guerra. No dia de Natal de 1914, os dois lados cantaram canções natalinas um para o outro, apertaram as mãos e alguns se encontraram no território neutro entre eles para jogar uma partida de futebol. Como um soldado britânico escreveu em uma carta para casa, ele ouviu:

> *"Venha, soldado inglês; venha aqui até nós." Por algum tempo, fomos cautelosos e nem mesmo respondemos. Oficiais, temendo traição, ordenaram que os homens ficassem em silêncio. Mas em toda a nossa linha ouvíamos os homens respondendo àquela saudação de Natal do inimigo. Como poderíamos resistir a desejar um Feliz Natal um ao outro, mesmo que logo em seguida pudéssemos estar lutando um contra o outro? Assim, mantivemos uma conversa contínua com os alemães, o tempo todo com as mãos de prontidão para usar os rifles. Sangue e paz, inimizade e fraternidade — o paradoxo mais surpreendente da guerra. A noite avançou para o amanhecer — uma noite facilitada pelas canções das trincheiras alemãs, pelos sons de flautins e pelas nossas gargalhadas e canções natalinas. Nenhum tiro foi disparado.*[1]

Hoje, sabemos que eventualmente os combates recomeçaram entre ambos os lados, mas a trégua de Natal demonstra que, mesmo nas situações mais tensas e conflituosas — e é difícil encontrar algo mais intenso do que uma guerra nas trincheiras —, a empatia compartilhada e uma vontade coletiva podem prevalecer. É sem dúvida possível.

Na vida cotidiana contemporânea, a conexão humana pode parecer menos dramática. Por exemplo, minha amiga Christina e seu irmão sempre foram muito próximos, mas à medida que cresceram foram desenvolvendo visões de mundo bastante divergentes. Em um ambiente político tenso, eles frequentemente brigavam. No fim das contas, nenhum dos dois convenceria o outro a aceitar seu ponto de vista, e eles sabiam disso. Eles conversariam e então cada um voltaria para suas respectivas bolhas. Christina e seu irmão tinham algo em comum, no entanto. Ambos concordavam que a hostilidade não era algo positivo e que a família era importante para eles. Em suma, eles concordaram que poderiam ir para suas esferas separadas, mas que um levaria o outro em consideração. Portanto, quando Christina falasse sobre política com pessoas que pensavam da mesma forma, ela diria respeitosamente: "Sabe, meu irmão vê as coisas de maneira diferente. Se ele estivesse aqui, diria que..."

Ao tentar imaginar o que ele diria e vice-versa, Christina e seu irmão estavam praticando a empatia. E ela os ajudou a promover a humildade, a curiosidade e as novas compreensões. Ao se perguntarem como seria habitar o corpo de outra pessoa, seu mundo, sua história e sua visão de mundo, eles permitiram que suas próprias posições se tornassem um pouco menos rígidas, o que ajudou a diminuir a tensão em suas conversas. Eles não necessariamente concordavam, mas respeitavam o fato de que cada um vinha de um lugar de bom coração. E, se uma posição não fosse bondosa, eles eram capazes de articular por que essa visão os prejudicava ou oprimia, sem medo de retaliações violentas. Christina e seu irmão estavam usando a tensão em seu relacionamento (de maneira literal, nesse caso!) para negociar uma forma de coexistir. Eles estavam em diálogo, não em debate.

O ponto principal é que podemos utilizar esses insights: 1) a tensão relacional pode ser uma coisa boa, 2) temos mais coisas em comum do que não, e 3) é possível construir conexões com as pessoas explorando as semelhanças e aplicando-as em nossas ações diárias. Dessa forma, viajamos mais ou menos juntos e na mesma direção geral. Essencialmente, podemos pensar nisso como um modo de apontar nosso cone de futuros do último capítulo como uma lanterna em direção a um horizonte distante. Todos nós vamos pousar em algum lugar ao longo de seu feixe de luz — alguns estarão a poucos milímetros da fonte (ainda agarrados a um *futuro plausível* ou *possível*, mas ainda sendo examinados), outros estarão mais longe (experimentando *futuros desejados examinados*), mas todos estarão direcionados e participando de um futuro mais brilhante.

Por último, quero deixar claro que "encontrar os outros" não é um esforço ingênuo — temos cisões muito reais que exigem verdade, reconciliação e cura, e precisamos de escritores, pensadores, políticos e manifestantes defendendo suas diversas causas. E nós podemos ser essas pessoas. O Longpath opera paralelamente às canções de protesto, não em oposição a elas; "Encontrar os Outros" simplesmente pede que trabalhemos também para encontrar os tons e as harmonias que admitam que todas as nossas vozes se unam, além de nossas partes. Uma coisa não exclui a outra; ela aprimora.

Impactando Sua Esfera de Influência

Todos nós temos uma esfera de influência: nossos colegas, familiares, companheiros de trabalho, amigos, alunos, comunidades. Dentro dessa esfera, você pode transmitir uma abordagem Longpath para a vida e para as decisões e pode ajudar a orientar a forma desse relacionamento em direção a coisas que são benéficas para o futuro. Você pode ser o mel que atrai a atenção dos outros. Embora existam muitas maneiras de despertar curiosidade e de se envolver com outras pessoas, falaremos sobre quatro jeitos de convidar outros a embarcar na jornada Longpath: por meio de nossa visão, nossa conversa, nossa facilitação e nossos modos de ser.

Através da Nossa Visão

Podemos trazer outros para o nosso lado ao projetarmos visões do futuro. Um visionário pode ser um artista, criando compreensões abstratas de novos mundos; um cientista político, imaginando novas formas de governança; um CEO, traduzindo uma visão em um produto ou estrutura organizacional; um COO, que sabe colocar os pés no chão para transformar uma visão em realidade; ou mesmo um membro da Associação de Pais e Professores, que defende uma experiência escolar livre de bullying. Não há guardiões da visão e nenhuma expertise é necessária. Histórias simples e bonecos de palito funcionam muito bem, desde que possam expressar uma ideia. Se pudermos ajudar os outros a se conectar com uma visão, a realidade não estará muito atrás.

Os fãs da franquia se lembraram de que em *Jornada nas Estrelas: A Nova Geração*, Picard e companhia adoravam seus PADDs — "blocos de notas" sensíveis ao toque que pressagiaram o iPad há umas boas três décadas. Eles também tinham videochamadas anos antes do FaceTime. Steve Jobs não hesitou em compartilhar a influência do programa. Ao apresentar o iPhone de quarta geração, ele disse: "Cresci aqui nos Estados Unidos, com *Os Jetsons*, *Jornada nas Estrelas* e comunicadores, sonhando com chamadas de vídeo, e agora tudo isso é real!"

Muitos escritores de ficção científica, como Isaac Asimov, e os artistas de *Jornada nas Estrelas* imaginaram a evolução de nosso eventual hardware — no caso do PADD, literalmente. Mas *Jornada nas Estrelas* também imaginou o futuro de nosso eventual software, nossa evolução social, designando uma mulher negra para assumir o comando de uma nave. Como tínhamos um exemplo, uma representação de uma visão que poderíamos ter em comum, conseguimos imaginá-la — envolvendo nossa empatia, nossos pensamentos futuros e nosso télos ao longo do caminho — e pudemos começar a criar essa realidade juntos. Menos de duas décadas depois que a fictícia Uhura (derivado de *uhuru*, a palavra suaíli para "liberdade") assumiu o comando daquela nave em *Jornada nas Estrelas*, Mae C. Jemison esteve a bordo do ônibus espacial Endeavour. Também temos que agradecer à capitã Uhura pelo beijo com o capitão Kirk, que foi, de muitas formas, a maneira do criador de *Jornada nas Estrelas*, Gene Roddenberry, abrir as portas para normalizar o relacionamento inter-racial, apenas um ano após a Suprema Corte derrubar as leis nos EUA que proibiam o casamento inter-racial.

Embora possamos contar com a ficção científica e com uma série de outros contadores de histórias como meio de ultrapassar os limites do que o futuro pode ser — de *Ziggy Stardust* de David Bowie à exploração interplanetária do jazz por Sun Ra Arkestra, passando por compositores do afrofuturismo —, um ponto de vista também pode ser motivado por: uma troca de jardim com seus vizinhos ("meus pepinos por seus tomates"); apresentar um plano de compensação de carbono ao seu conselho de administração; estabelecer uma política de tolerância zero para poluidores corporativos; ou eliminar uma força militar permanente. Essas coisas podem ou não se manifestar, mas você levantou a possibilidade. Apenas ao provocar, apenas fazendo uma pergunta, você abriu a porta de entrada para futuros possíveis. O próximo passo é encontrar uma maneira de conectar os outros mais profundamente ao que é possível, para encontrar um terreno comum empático.

Através de Nossas Conversas

Às vezes, podemos convencer outras pessoas de maneiras explícitas, verbais e diretas. Nem todo mundo vai querer sentar e discutir a natureza do universo ou o significado da vida com você — chocante, eu sei — e, portanto, cada troca, cada diálogo deve começar com consentimento mútuo. Assim como Christina e seu irmão fizeram anteriormente neste capítulo, procure uma abertura e peça permissão para abrir mais essa janela. As pessoas terão níveis de conforto muito diferentes com os assuntos abordados neste livro — algumas vão falar sobre a morte e seus descendentes e como avaliam seu passado ancestral, e outras se sentirão muito mais à vontade para falar sobre o futuro dos esportes (ei, agora você tem a história do estádio esportivo de Michelle ou minha anedota maluca do jardineiro da escola para iniciar uma abordagem). O ponto é: conheça seu público, encontre-o onde ele estiver e não vá longe demais. Talvez eu tenha aprendido isso da maneira mais difícil quando conversei com a tropa de escoteiras da minha filha sobre o futuro da civilização. Elas olharam para mim como se eu fosse louco, assim como seus pais.

Ao se conectar com outras pessoas, caso o faça verbalmente, adote a abordagem de que a verdade de outra pessoa é real para ela. Seu papel não é convencê-la a pensar exatamente como você. Seu papel é explorar os pontos em comum entre vocês e elaborar a partir disso. Você pode ultrapassar algumas fronteiras e ir além do que é confortável, mas sua interação provavelmente será mais produtiva se você não estiver a todo tempo pressionando os gatilhos de outras pessoas. Lembre-se, nossas mentes de curto prazo dificultam pensar em futuros distantes; você não quer piorar isso sendo um mosquito zumbindo no ouvido de alguém ou sugando sangue a cada dois minutos — você será esmagado, ou pior!

Se você estiver conversando sobre o Longpath, preste atenção em sua trajetória. Ainda que "Como chegamos aqui?" tenha o seu papel, não é a conversa inteira. Eu claramente defendo a compreensão do nosso passado e a análise de como ele afeta nossas formas de pensar e de agir agora, mas não se detenha aí, pois isso pode impedir você de progredir para além do debate sobre as minúcias de uma causa e efeito. Veja se você consegue direcionar a conversa para "Aonde estamos indo?" e "Onde queremos estar?". Trata-se de outra postura de conversação.

Além disso, a conversa nem sempre precisa ser *explicitamente* sobre o Longpath — a palavra pode nem ser mencionada. Por exemplo, meu amigo Horatio participou de uma reunião em seu escritório de advocacia na qual os sócios discutiram suas políticas sobre horários flexíveis. A conversa com rapidez se voltou para logística, justiça e política de escritório, e as queixas passadas foram expostas e analisadas. Então, Horatio a conduziu de volta para seu objetivo ou meta final. "O que queremos realizar?", ele perguntou. "Como chegamos a supor que todos precisamos estar no escritório em primeiro lugar, e que tipo de ambiente de trabalho queremos ter? Como o imaginamos? Que valores estão por trás dessa visão?" Ele não usou a palavra *télos*, mas usou o conceito como um ponto de referência e, dessa maneira, mudou o escopo da conversa das necessidades de curto prazo da empresa para os objetivos do Longpath.

Minha amiga Jennifer também usou o Longpath — sem usá-lo de modo expresso — quando teve uma conversa emocionalmente carregada com seu pai. Jennifer e seus irmãos estavam organizando uma festa de cinquenta anos de casamento para seus pais, e o pai de Jennifer estava tão preocupado com a logística falhar (e, assim, prejudicar sua posição dentro do "clã", em termos evolutivos) que ele continuava interferindo, embora Jennifer e seus irmãos tenham insistido para que não o fizesse. Então, Jenifer pediu-lhe que se lembrasse do momento em que deu uma festa de aniversário para seus próprios pais, como foi bom presenteá-los e como ele teria se sentido se eles tivessem interferido. Então, ela disse: "Pense em como você quer se sentir na noite da festa — como quer ver e se sentir em relação aos seus filhos e netos, e como quer se sentir em relação à sua esposa. E como você quer que *nós* e seus netos nos sintamos em relação a você." Ela levou a interação deles do temporal e logístico para o emocional, lembrando ao pai — e a si mesma — de seu télos, ou objetivo final.

Através da Facilitação

Podemos convencer outras pessoas ao visualizar e comunicar futuros, mas o que precisamos fazer para formalizar eventos ou estratégias que nos permitam seguir o Longpath? Bem, primeiro, precisamos criar espaços seguros para discutir coisas importantes, seja planejamento estratégico no escritório ou imobiliário em casa. A segurança psicológica é estabelecida quando as pessoas sentem que podem se expressar sem serem punidas ou humilhadas, quando nenhuma ideia ou contribuição é considerada absurda demais. Os facilitadores organizam ambientes onde há uma distribuição igualitária de poder — desde a ordem de quem fala até como as cadeiras são colocadas ao redor da mesa... ou talvez até dispensando a mesa.

O ambiente *importa*. Ao passo que o Google quis entender melhor as forças por trás de suas equipes mais eficazes, eles descobriram que não era a expertise ou o tempo de trabalho que contava, mas sim um senso de segurança psicológica entre os membros da equipe. Conforme estabelecemos espaços seguros, quando convidamos a diversidade e cocriamos regras básicas para um engajamento aberto, provavelmente chegaremos a esse terceiro caminho criativo que beneficia a todos.

A organização Death Over Dinner, um clube gastronômico organizado em torno de conversas sobre a morte, oferece um exemplo de como qualquer pessoa pode facilitar esses espaços. Ele oferece orientações sobre como criar um espaço seguro para essa conversa difícil e incrivelmente significativa, além de fornecer instruções para iniciar a festa. E muitas pessoas testemunharão que é uma festa! Você ri, chora e sai de lá se sentindo conectado. A morte é uma história compartilhada em comum. Agora, o que aconteceria se quebrássemos o gelo no Death Over Dinner com uma pergunta sobre legados de um futuro distante ou de passados distantes? Como a experiência poderia se aprofundar ainda mais?

Governos, organizações sem fins lucrativos e com fins lucrativos podem ser facilitadores do Longpath ao patrocinar eventos em que uma amostra transversal da população se reúne para ter vislumbres — e tomar decisões — em conjunto. A ilha de Aruba fez isso em 2008, quando envolveu cerca de 50 mil pessoas da sociedade arubiana no projeto Nos Aruba 2025. Juntos, eles criaram um plano estratégico nacional sustentável que levou em consideração o que Aruba e seus residentes tinham a oferecer. O processo mudou fundamentalmente não apenas Aruba, mas também a forma como seus cidadãos se envolviam com o governo. O Havaí fez algo semelhante na década de 1970, e a cidade do Kansas também recentemente, embora em uma escala muito menor. Nesse último caso, a Fundação Kauffman organizou uma oficina de dois dias para quinze residentes que tinham uma ampla gama de perspectivas, representando uma grande parte da cidade. Eles foram convidados a cocriar um futuro para um único cruzamento em Kansas City que há muito estava dividido por linhas raciais. *Deixem para trás as limitações percebidas*, disseram a eles, *e construam o futuro juntos.*[2]

E, claro, eu seria negligente se não mencionasse o Longpath. O Longpath Labs organiza reuniões nas quais os participantes têm a oportunidade de praticar em comunidade, passando por exercícios semelhantes aos descritos neste livro, com um grupo de pessoas que — apesar de não necessariamente possuírem a mesma opinião — têm um interesse compartilhado em discutir coisas importantes. Dessa maneira, os participantes podem compartilhar, reforçar e cocriar a narrativa do Longpath. Você pode conferir as últimas novidades sobre esses grupos em Longpath.org [conteúdo em inglês].

Através das Nossas Formas de Ser

Por fim, nosso chamado para Encontrar os Outros pode, na verdade, ser um chamado para Inspirar os Outros. Se eu expressar gratidão e você refletir sobre como isso o fez se sentir bem, você pode estar mais propenso a expressar gratidão a outra pessoa. Às vezes, essas conexões nem mesmo envolvem conversas, mas sim um aceno no supermercado ou um sorriso ao passar pela rua. Nossas condutas de ser dentro da nossa esfera de influência têm o potencial de estimular reações em cadeia. Por meio desses modos, podemos criar condições propícias à manifestação de nosso télos. Se imaginarmos um mundo onde haja acesso a livros e alfabetização, por exemplo, podemos iniciar uma livraria gratuita. Se imaginarmos um mundo onde todos tenham acesso a alimentos saudáveis, podemos iniciar uma horta comunitária em áreas carentes de alimentos. Ao querermos um mundo com um pouco mais de confiança, devemos exercer nossos compromissos, guardar a última fatia de torta, cuidar dos filhos de alguém, oferecer uma moeda quando alguém estiver precisando no supermercado. Caso queiramos chegar ao outro lado do desfiladeiro, podemos estender uma fita de slackline. Nunca sabemos quem pode se juntar a nós.

Pense nessa estratégia como o apego e o vínculo inatos que acontecem entre os bebês e seus cuidadores. Os bebês não falam, nem entendem a fala de seus cuidadores, mas é imprescindível para o desenvolvimento que o bebê *entenda* que está sendo cuidado. Um sentimento saudável de apego ajuda o cérebro e o sistema nervoso do bebê a se desenvolverem de maneira ideal, e ajuda a estabelecer a base para características como confiança e empatia. Sem a parte da linguagem, o senso de segurança e amor que é comunicado a um bebê ocorre por meio de centenas de microexpressões e sinais: o tom de voz, o toque da pele, uma expressão facial tranquila, uma resposta ao desconforto. Esses indícios podem vir naturalmente para os cuidadores, ou podem exigir alguma prática no início, mas, para a maioria das pessoas, tornam-se algo que elas só fazem, é sua maneira de ser com seu filho. Da mesma forma, quando começamos a usar sinais pró-sociais, também precisamos prestar atenção em nossa comunicação não verbal. Coisas como uma postura aberta, uma inclinação de cabeça para indicar escuta atenta, ou colocar o celular com a tela virada para baixo quando alguém está falando com você, podem sinalizar para os outros que você é uma pessoa segura para se envolver, que você é alguém que se importa. Ao incorporarmos essas formas de ser, não precisamos nos esforçar tanto para comunicar nossa boa vontade ao próximo — *até mesmo aos nossos vizinhos do futuro distante*! Simplesmente será aquilo que fazemos.

PARE UM INSTANTE para considerar sua malha do ser, todas as vidas — passadas, presentes e futuras — que estão conectadas ao seu tempo aqui na Terra. Com quais outros pontos dessa rede você se sente mais conectado? Com quais você exerce mais influência? Quais têm tensões relacionais rígidas e quais parecem mais maleáveis? Qual é a visão do Longpath que você gostaria de compartilhar? Talvez você queira escolher um ponto de contato e convidá-lo para uma conversa. Sua visão muda ou evolui durante a interação? Talvez você se sinta à vontade para convidar outras pessoas para participar da exploração de sua visão ou gostaria de ouvir sobre a visão delas.

Há muito tempo, sou um admirador do trabalho da David Lynch Foundation, que usa a meditação transcendental como uma ferramenta para curar o estresse traumático e promover a resiliência. E, assim, conheci Rena Boone, uma professora de meditação de longa data na fundação, cuja vida personifica a prática de encontrar os outros. Verdade seja dita, sua história personifica todo o Longpath, então deixe-me começar do início.

Rena é uma mulher negra vibrante que teve uma infância difícil e cresceu em uma família carregada de disfunções. Quando estava na faculdade, um professor deu à sua classe uma tarefa para "descrever a vida", ao que Rena respondeu: "A vida é apenas uma desgraça depois da outra."

Rena suspeitava, contudo, que a vida era mais que isso e, em sua busca de respostas, ela encontrou a meditação transcendental (MT). A prática permitiu que ela se sentisse em paz pela primeira vez em sua vida. A partir desse lugar de paz, ela foi apta a perdoar seus pais pela sua criação. "Quando penso nos meus pais", disse ela, "e em seus pais e no que eles passaram, não sinto nada além de compaixão e amor por eles, e agradeço por me darem a vida". Conforme ela superava suas limitações, as bordas internas e externas da fita de Moebius se uniam para Rena. "Acho que o que há dentro de nós é a capacidade de amar, de ser compassivo, a capacidade de amar o próximo como a si mesmo", disse ela. "Mas como você pode amar o próximo se não ama a si mesmo? Então, se você se livrar de toda essa negatividade, de todo esse estresse tóxico, imagine só o que estaria lá, como isso seria? Nosso eu mais inteligente e amoroso emergiria."

Quando Rena teve dois filhos, ela se dedicou a criá-los como homens que teriam uma mentalidade saudável e que se sentiriam em casa em qualquer lugar do mundo. "Sei como é importante mudar padrões de comportamento, mudar o pensamento e os paradigmas — porque esses padrões são transferidos para a próxima geração." Rena também passou a ensinar MT, para que outras pessoas tivessem acesso à ferramenta que fez tanta diferença para ela. Ela ensina a prática há quarenta anos e agora, por meio do Centro de Resiliência da David Lynch Foundation, dirige um programa de meditação em uma comunidade de alto risco no sudeste de Washington, D.C. Rena ensina MT a estudantes, a fim de ajudá-los a reduzir o estresse e atingir todo o seu potencial na sala de aula, e também para aqueles que sofrem com estilos de vida tóxicos e traumas. "Meu trabalho é sobre evolução", disse ela. "À medida que evoluímos, tornamo-nos cada vez mais quem realmente somos. É sobre se transformar e atingir o potencial máximo da raça humana. Fico mais feliz quando estou ajudando os outros e a mim mesma a ser tudo o que podemos ser."

Rena encontrou a si mesma primeiro e depois encontrou os outros. N[illegible] processo, ela tocou em todas as quatro categorias deste capítulo: ela tem sido uma visionária, projetando uma imagem de uma humanidade mais evoluída e menos estressada para seus alunos; ela iniciou inúmeras conversas sobre o télos, mesmo que não tenha usado o termo; ela reuniu as pessoas em espaços seguros, para facilitar o crescimento nas áreas que mais importam; e suas formas de estar no mundo representam sua visão todos os dias. "Há sinais de evolução em todos os lugares", disse ela. "Você pode não encontrá-los no noticiário, mas os encontrará em sua vida. Recentemente, tenho percebido como as pessoas são gentis. Estou sempre prestando atenção à bondade conforme a vejo, como quando alguém entra em uma loja para dizer: 'Pode passar na frente.' Estou sintonizada para ver isso porque me anima. E, se não estivermos atentos, podemos perder muita coisa boa. No caso de estarmos centrados em nós mesmos, fica mais fácil ver esses momentos de ouro."

Após quarenta anos de ensino e interações diárias, é impossível quantificar o impacto que Rena gera em esferas de influência interconectadas. E continua crescendo a cada dia, no espaço e no tempo.

As interações Longpath mais significativas geralmente começam de 1–1, mas depois se tornam 2–1 e depois 3–1. Não, não é o método mais eficiente. Seria mais fácil pegar um megafone ou publicar um anúncio. Essa maneira silenciosa é lenta e de tempos em tempos confusa. Muitas vezes, envolve lidar com crenças e comportamentos profundamente arraigados. Mas também é assim que a mudança sustentável acontece, em conversas, interações e hábitos menores que se desenvolvem progressivamente. São essas ocasiões que geram longevidade, porque são nesses momentos que mudamos os padrões de nossas normas culturais.

Veja bem, não estou defendendo um movimento ruidoso, mas uma mudança sutil, um compartilhamento silencioso de uma nova mentalidade. Agora, certamente, se você estiver em condições de fazer mais, faça mais. Se você puder conservar centenas de hectares de florestas antigas ou criar leis que acabem com a insegurança alimentar, vá em frente! Porém, se o que você tem a oferecer é administrar sua ansiedade diária para que seus filhos tenham um modelo melhor do que você teve, parabéns, você está no caminho Longpath. Se você faz questão de observar seu tom de voz ao falar com seus entes queridos, você está no caminho Longpath. Se um lembrete de aniversário para um velho amigo aparecer no seu calendário e você ligar para desejar-lhe um bom dia, você está no caminho Longpath. Se você perguntar, em uma reunião, "Quais são as implicações de longo prazo, para as próximas gerações, desta decisão?", isso é estar no caminho Longpath. Se você se pegar discutindo com seu cônjuge na frente de seus filhos e parar para pensar: *que mensagem isso está passando para eles?*, isso é estar no caminho Longpath. E se por acaso você estiver lendo isso atrás de sua mesa no Salão Oval e se perguntar: *essa política vai nos levar a prosperar daqui a cem anos? Daqui a mil anos?*, isso é estar no caminho Longpath. Defina esse objetivo como sua intenção declarada e reconheça sua ação como um presente para aqueles que virão depois de você. Ao encontrar outras pessoas que enfrentam uma luta semelhante, veja se vocês podem criar estratégias juntos e distribuir seu estresse de maneira mais uniforme em um sistema de suporte ou reduzi-lo num total. Verifique periodicamente caso você tenha a capacidade de adicionar outro objetivo ou outro ponto de contato à sua visão do Longpath. É assim que a humanidade conseguirá passar pelo seu rito de passagem atual, sua iteração e sua evolução mais recentes. É assim que nos tornamos os grandes ancestrais que as gerações futuras precisam que sejamos.

VOCÊ PERCEBEU QUE estar no Longpath muda alguma coisa em sua vida diária? Na vida dos outros? Que impacto você acha que sua visão terá nas gerações que existirão daqui a cem anos? Daqui a mil anos? Dez mil anos? Você consegue imaginar uma aula de história no futuro distante, reconhecendo este exato momento como um grande ponto de virada na trajetória humana? Como essa possibilidade faz você se sentir? Com quais ações você pode se comprometer para apoiar esse potencial? Faça anotações e revise os detalhes de seus planos à medida que as condições mudam.

Epílogo

“Um fato impressionante sobre a história da civilização”, escreveram Hilary Greaves e William MacAskill, filósofos da Universidade de Oxford, “é o quão cedo estamos nela”.

Eles apontam que, se atingirmos apenas um ponto de sobrevivência *típico* para espécies de mamíferos, ainda temos cerca de 200 mil anos pela frente. Somos bebês. Recém-nascidos, na verdade. “Se a saga da humanidade fosse um romance”, apontam Greaves e MacAskill, “estaríamos na primeira página”.[1]

Aprofunde-se nessa perspectiva de escala uma última vez. Mas, quando isso acontecer, não deixe que pareça assustador ou incapacitante. Resista a qualquer pensamento do tipo *se eu sou apenas um pontinho, o que posso fazer?* Muitas pessoas pensam que a maneira de mudar o mundo é por meio de políticas e governos, e, sim, esses caminhos são importantes. A cultura popular e suas influências também são relevantes. Falamos sobre esses aspectos da mudança o tempo todo, certo? Mas o que ninguém quer falar sobre são as interações humanas que acontecem a cada instante. A paciência de um policial abrevia um conflito; a atenção extra de um membro do conselho à cadeia de suprimentos cria valor a longo prazo; a consideração de futuros possíveis por uma equipe de engenharia leva a uma inteligência artificial menos tendenciosa; a horta comunitária de uma escola conecta as crianças a escolhas alimentares saudáveis; a visão de um cidadão para seus netos os leva a rejeitar ideologias nacionalistas; e a consciência atenta dos pais muda a forma como eles se despedem de seus filhos amanhã. Esses momentos podem parecer demasiado evasivos e pequenos para capturar totalmente seu significado em um mundo de Big Data e ideias grandiosas. Mas como alguém que tem se dedicado a futuros há mais de duas décadas, posso dizer que as milhares de microinterações que você tem todos os dias — seja com outras pessoas ou dentro de sua própria cabeça — são o que irá conduzir essa nave da espécie *Homo sapiens* para onde queremos que ela vá.

Os epílogos são tipicamente onde o autor tem a última palavra, onde eles são certeiros em seus pontos para deixar os leitores com uma impressão de sua visão. Eu quero virar este epílogo de cabeça para baixo, no entanto. Quero que ele termine com você. E caso você pudesse escrever uma nota para o futuro para ser lida por todos que vivem nele? Registre seus pensamentos sobre qual é a coisa mais importante da vida, a sabedoria que você mais deseja transmitir, ou talvez um desejo ou bênção que queira oferecer a eles. Permita que as palavras saiam do seu coração.

Agora dê vida às suas palavras. Viva essa nota. Torne-se o grande ancestral que o futuro precisa que você seja.

[FIM. OU… O COMEÇO.]

MEGATENDÊNCIAS DO LONGPATH

MUDANÇAS SOCIAIS E CULTURAIS

- DECLÍNIO DE GRUPOS E ORGANIZAÇÕES TRADICIONAIS
- GLOBALIZAÇÃO DE IDEIAS E NARRATIVAS
- ASCENSÃO DA CULTURA DIGITAL E DAS REDES SOCIAIS
- ASCENSÃO DE STATUS E PODER DAS MULHERES

MUDANÇAS DEMOGRÁFICAS

- CRESCIMENTO DA GERAÇÃO MILLENNIAL
- BOOMERS NOVAMENTE EM ALTA
- URBANIZAÇÃO POR TODA A PARTE
- ASCENSÃO DE UMA NOVA MAIORIA RACIAL E ÉTNICA

DESENVOLVIMENTO DA CIÊNCIA E TECNOLOGIA

- AVANÇOS NA BIOENGENHARIA
- TRANSPARÊNCIA RADICAL E CRESCIMENTO DO BIG DATA
- AVANÇOS EM RECURSOS ENERGÉTICOS
- DIGITALIZAÇÃO DE TUDO
- INTELIGÊNCIA ONIPRESENTE

DINÂMICAS AMBIENTAIS

- PROPAGAÇÃO DE DOENÇAS COM BASE NO CLIMA
- MIGRAÇÃO BASEADA NO CLIMA
- MUDANÇAS CLIMÁTICAS E ESCASSEZ DE RECURSOS

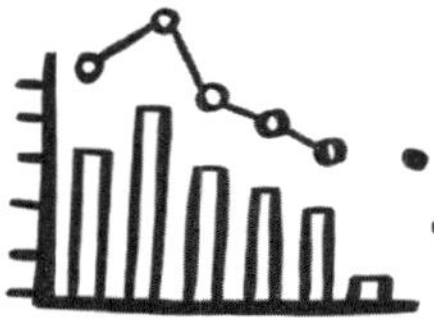

MUDANÇAS ECONÔMICAS

- ORDEM ECONÔMICA GLOBAL MULTIPOLAR
- TRABALHO DESAGREGADO E DISTRIBUÍDO
- DISPARIDADE DE RENDA CRESCENTE

DINÂMICAS POLÍTICAS

- DECLÍNIO DO PODER INSTITUCIONAL TRADICIONAL
- NOVAS GUERRAS TERRITORIAIS

Páginas de Diário

Agradecimentos

Fui abençoado por mais de quatro décadas com a boa sorte de estar cercado por familiares, amigos e colegas que me ajudaram de várias maneiras. Uma lista completa de todos aqueles que me auxiliaram ao longo do meu caminho exigiria um segundo volume, então o que segue é uma lista muito breve.

Embora óbvio, eu não estaria aqui, como estou, sem a mais profunda crença em mim mantida por minha mãe e meu pai. Apesar de meu pai, Raul, ter falecido durante meu primeiro ano de faculdade e minha mãe, Susan, durante os primeiros estágios da escrita deste livro, a sabedoria deles está em cada página. Agradeço às minhas irmãs, Deborah e Liza, por tudo o que é preciso para criar um irmão mais novo e ajudar a guiá-lo quando o caminho não está tão claro.

Agradeço a Jennifer e Jonathan Soros, os primeiros apoiadores do Longpath Labs, cuja dedicação às gerações futuras não conhece limites.

É claro que me beneficiei da fé inicial depositada neste livro pelo meu agente Howard Yoon e pela minha editora na HarperOne,

Anna Paustenbach, sem os quais esta obra ainda seria uma série de anotações em algum lugar na nuvem. A equipe da HarperOne que ajudou a reunir tudo isto e colocá-lo em uma prateleira perto de você inclui Sun Paik, Leda Scheintaub, Joy O'Meara e Adrian Morgan. Brooke Budner criou as belas ilustrações do livro. Tive a sorte de contar com a Dra. Kim Streeter, diretora de pesquisa inaugural do Longpath, que forneceu comentários iniciais e insights contínuos em todas as páginas. Minha guia espiritual e conselheira foi a indomável Jenna Land Free. Sem sua mão e sua mente me ajudando, este livro que você tem em mãos não aconteceria.

Amigos e colegas que têm sido estrelas-guia e os mais fortes apoiadores ao longo do caminho para colocar esta obra no mundo incluem Nathan Arbitman, Hollie-Russon Gilman, Lou Caballero, Douglas Rushkoff, Michelle Moore, Kathryn Murdoch, Jeff Stoike, Anna Burger, Adam Bly, Jonathan Barzilay, Liz Frierich, Ruth Baldwin, Amanda Silver, Jeremy Wertheim, Dan Liechty, Scott Osman, Aaron Graben, Lindsay Litowitz, Mike Brooks, Emma Goldberg, Nils Gilman, Tiffany Shlain, Mik Moore, Jennifer Hoos-Rothberg, Rabino David Ingber, David Zweig, Bruce Feiler, Ryan Senser, Rabino Sharon Brous, Ai-Jen Poo, Ytasha Womack, Courtney Martin, David DeSteno, Jamil Zaki, Hal Hershfield, Hahrie Han, Nina Mazar, Prof. Jerry Sanders, Rena Boone, Max Klau e Doug Sundheim.

Influências cruciais em meu pensamento vêm de Herbert Marcuse, J. Krishnamurti, Buckminster Fuller, Ernest Becker, Isaac Asimov, Octavia Butler, Martin Seligman, Alan Watts e Ursula K. Le Guin.

E, sim, não haveria Longpath, ou qualquer outro tipo de caminho, sem o apoio, o carinho, o amor, o cuidado, a amizade e a fé da minha esposa e parceira ao longo da vida, Sharon Goldman Wallach.

Notas

Capítulo 1: Vivendo

1. Edelman, *Edelman Trust Barometer 2021*. Disponível em: https://www.edelman.com/trust/2021-trust-barometer. Acesso em 27 de agosto, 2021.

2. United States National Intelligence Council, *Global Trends 2040*. McLean, VA: Office of the Director of National Intelligence, 2021. Disponível em: https://www.dni.gov/files/ODNI/documents/assessments/Global Trends_2040.pdf.

3. *Millions Tumble Out of the Middle Class*. Vídeo da Bloomberg, 7 de abril, 2021. Disponível em: https://www.bloomberg.com/news/videos/2021-04-07/millions-tumble-out-of-the-middle-class-video.

4. Edelman, *Edelman Trust Barometer 2021*.

5. Shane McFeely e Ryan Pendell, *What Workplace Leaders Can Learn from the Real Gig Economy*. Gallup, 16 de agosto, 2018. Disponível em: https:// www.gallup.com/workplace/240929/workplace-leaders-learn-real-gig-economy.aspx.

6. Ziauddin Sardar, *Welcome to Postnormal Times*. Futures 42, nº 5, junho de 2010: 435–44, doi: 10.1016/j.futures.2009.11.028.

7. Ilya Prigogine e Isabelle Stengers, *Order Out of Chaos: Man's New Dialogue with Nature.* Nova York: Bantam, 1984.

8. Existem exemplos semelhantes de como a dinastia Ming caiu na China nos anos 1500 e até mesmo na queda dos Maias nos anos 900.

9. Se você estiver interessado em estimar seu próprio número de descendentes, confira familyrecordfinder.com/descendants.html. A fórmula usada é $=x^1+x^2\dots x^n$, na qual n=gerações e x=filhos.

10. Julie Beck, *Where Life Has Meaning: Poor Religious Countries.* Atlantic, 10 de janeiro, 2014. Disponível em: https://www.theatlantic.com/health/archive/2014/01/where-life-has-meaning-poor-religious-countries/282949/.

Capítulo 2: Mudando

1. Em uma pesquisa recente com seiscentos executivos corporativos, 2/3 deles se sentiam pressionados a se concentrar em resultados de curto prazo. Jonathan Bailey et al., *Short-termism: Insights from Business Leaders.* Focusing Capital on the Long Term, janeiro de 2014. Disponível em: https://www.fcltglobal.org/wp-content/uploads/20140123-mck-quarterly-survey-results-for-fclt-org_final.pdf.

2. Manda Mahoney, *The Subconscious Mind of the Consumer (And How to Reach It).* Working Knowledge, Harvard Business School, 13 de janeiro de 2003. Disponível em: https://hbswk.hbs.edu/item/the-subconscious-mind-of-the-consumer-and-how-to-reach-it. Os 80% vieram daqui, mas não são especificamente referenciados: Michael Levine, *Logic and Emotion.* Psychology Today, 12 de julho de 2012. Disponível em: https://www.psychologytoday.com/gb/blog/the-divided-mind/201207/logic-and-emotion.

3. Teressa Iezzi, *No Future: Present Shock and Why Our Now-Fixation Has Changed Everything from Advertising to Politics.* Fast Company, 8 de julho de 2015. Disponível em: https://www.fastcompany.com/1682643/no-future-present-shock-and-why-our-now-fixation-has-changed-everything-from-advertising-to.

4. Yohan J. John, *The "Streetlight Effect": A Metaphor for Knowledge and Ignorance.* 3 Quarks Daily, 21 de março de 2016. Disponível em:

https://3quarksdaily.com/3quarksdaily/2016/03/the-streetlight-effect-a-metaphor-for-knowledge-and-ignorance.html.

5. Trevor Haynes, *Dopamine, Smartphones & You: A Battle for Your Time.* Science in the News, Harvard University Graduate School of Arts and Sciences, 1º de maio de 2018. Disponível em: https://sitn.hms.harvard.edu/flash/2018/dopamine-smartphones-battle-time/.

6. American Museum of Natural History, *Human Population Through Time.* Vídeo do YouTube, 4 de novembro de 2016. Disponível em: https://www.youtube.com/watch?v=PUwmA3Q0_OE.

7. Carol S. Dweck, *Mindset: The New Psychology of Success.* Nova York: Ballantine, 2007.

8. David DeSteno, correspondência pessoal com o autor, junho de 2021.

9. David DeSteno, *The Kindness Cure.* Atlantic, 21 de julho de 2015. Disponível em: https://www.theatlantic.com/health/archive/2015/07/mindful ness-meditation-empathy-compassion/398867/.

10. Shanyu Kates e David DeSteno, *Gratitude Reduces Consumption of Depleting Resources.* Emotion, 28 de dezembro de 2020. Doi: 10.1037/emo0000936.

11. TEDxTalks, *We're experiencing an empathy shortage, but we can fix it together | Jamil Zaki | TEDxMarin.* Vídeo do YouTube, 18 de outubro de 2018. Disponível em: https://www.youtube.com/watch?v=-DspKSYxYDM.

12. Erika Weisz et al., *Building Empathy Through Motivation-Based Interventions.* Emotion, 19 de novembro de 2020. Doi: 10.1037/emo 0000929.

Capítulo 3: Praticando

1. J. Krishnamurti — Official Channel, *Audio | J. Krishnamurti — Amsterdam 1969 — Public Talk 2 — How Is Conditioning to Be Understood?* Vídeo do YouTube, 24 de novembro de 2020. Disponível em: https://www.youtube.com/watch?v=279RfTu0gKY. Conteúdo

reproduzido com permissão. Para mais informações sobre J. Krishnamurti (1895–1986), ver: www.jkrishnamurti.org.

2. Cameron Hewitt, *Unwanted Statues? A Modest Proposal, from Hungary.* Rick Steves' Europe, 18 de junho de 2020. Disponível em: https://blog.ricksteves.com/cameron/2020/06/hungary-statues/.

3. Bryan Stevenson, discussão com o rabino Sharon Brous para o Yom Kippur, setembro de 2020.

4. Christina Chwyl, Patricia Chen e Jamil Zaki, *Beliefs About Self-Compassion: Implications for Coping and Self-Improvement.* Personality and Social Psychology Bulletin 47, nº 9, setembro de 2021: 1327–42. Doi: 10.1177/0146167220965303.

5. Ernest Becker, *The Denial of Death.* Nova York: Free Press, 1973, pág. 26.

6. Atul Gawande, *Being Mortal: Medicine and What Matters in the End.* Nova York: Picador, 2017.

7. Michael Hebb, *Let's Talk About Death (Over Dinner).* Nova York: DaCapo Lifelong Books, 2018.

8. TED, *Laura Carstensen: Older People Are Happier.* Vídeo do YouTube, 9 de abril de 2012. Disponível em: https://www.youtube.com/watch?v=7gkdzkVbuVA.

9. Terri Hansen, *How the Iroquois Great Law of Peace Shaped U.S. Democracy.* PBS.org, 17 de dezembro de 2018. Disponível em: https://www.pbs.org/native-america/blogs/native-voices/how-the-iroquois-great-law-of-peace-shaped-us-democracy/#1.

10. Daniel Gilbert, *Stumbling on Happiness.* Nova York: Knopf, 2006.

11. John Tierney, *Why You Won't Be the Person You Expect to Be.* New York Times, 3 de janeiro de 2013. Disponível em: https://www.nytimes.com/2013/01/04/science/study-in-science-shows-end-of-history-illusion.html.

12. Emily Pronin, Christopher Y. Olivola e Kathleen A. Kennedy, *Doing Unto Future Selves As You Would Do Unto Others: Psychological Distance and Decision Making.* Personality and Social Psychology Bulletin, 34, nº 2, fevereiro de 2008, pág. 224–36. Doi: 10.1177/0146167207310023.

13. Arnaud D'Argembeau e Martial Van der Linden, *Emotional Aspects of Mental Time Travel.* Behavioral and Brain Sciences, 30, nº 3, junho de 2007, pág. 320–2. Doi: 10.1017/S0140525X07002051.

14. Debora Bettiga e Lucio Lamberti, *Future-Oriented Happiness: Its Nature and Role in Consumer Decision-Making for New Products.* Frontiers in Psychology, 11, nº 929, maio de 2020. Doi: 10.3389/fpsyg.2020.00929.

15. Yoshio Kamijo et al., *Negotiating with the Future: Incorporating Imaginary Future Generations into Negotiations.* Sustainability Science, 12, nº 3, maio de 2017, pág. 409–20. Doi: 10.1007/s11625-016-0419-8.

16. John Koetsier, *Why Every Amazon Meeting Has at Least 1 Empty Chair.* Inc.com, 5 de abril de 2018. Disponível em: https://www.inc.com/john-koetsier/why-every-amazon-meeting-has-at-least-one-empty-chair.html.

Capítulo 4: Criando

1. Centers for Disease Control and Prevention, National Center for Health Statistics, *Death Rates Due to Suicide and Homicide among Persons Aged 10–24: United States, 2000–2017.* Sally C. Curtain, M.A. e Melonie Heron, Ph.D., NCHS Data Brief nº 352 (Hyattsville, MD, Outubro de 2019). Disponível em: https://www.cdc.gov/nchs/data/databriefs/db352-h.pdf.

2. Peter Daszak et al., *Infectious Disease Threats: A Rebound to Resilience.* Health Affairs, 40, nº 2, janeiro de 2021, págs. 204–11. Doi: 10.1377/hlthaff.2020.01544.

3. *BBC News* online, *Russia "Meddled in All Big Social Media" around US Election.* 18 de dezembro de 2018. Disponível em: https://www.bbc.com/news/technology-46590890.

4. Roy F. Baumeister et al., *Everyday Thoughts in Time: Experience Sampling Studies of Mental Time Travel.* Personality and Social Psychology Bulletin, 46, nº 12, dezembro de 2020, págs. 1631–48. Doi: 10.1177/0146167220908411.

5. IBIS World, *Wedding Services in the US—Market Size 2005–2027*. 29 de abril de 2021. Disponível em: https://www.ibisworld.com/industry-statistics/market-size/wedding-services-united-states/.

6. John Lane, *Timeless Simplicity*. Cambridge, UK: Green Books, 2001.

7. Laurie Santos, *Laurie Santos, Yale Happiness Professor, on 5 Things That Will Make You Happier*. Newsweek, 8 de janeiro de 2021. Disponível em: https://www.newsweek.com/2021/01/08/issue.html.

8. Xu Guifeng et al., *Twenty-Year Trends in Diagnosed Attention-Deficit/Hyperactivity Disorder Among US Children and Adolescents, 1997–2016*. JAMA Network Open, 1, nº 4, agosto de 2018). Doi: 10.1001/jamanetworkopen.2018.1471.

9. Viktor Frankl, *Man's Search for Meaning*. Boston: Beacon Press, 2006, pág. 104.

10. Barbara L. Fredrickson e Marcial Losada, *Positive Affect and the Complex Dynamics of Human Flourishing*. American Psychologist, 60, nº 7, outubro de 2005, págs. 678–86. Doi: 10.1037/0003-066X.60.7.678.

11. Felicia Huppert e Timothy So, *Flourishing across Europe: Application of a New Conceptual Framework for Defining Well-Being*. Social Indicators Research, 110, nº 3, fevereiro de 2013, págs. 837–61. Doi: 10.1007/s11205-011-9966-7

12. TED, *The "Dementia Village" That's Redefining Elder Care | Yvonne van Amerongen*. Vídeo do YouTube, 8 de Abril, 2019, https://www.youtube.com/watch?v=YSZhrxOkBZI.

Capítulo 5: Florescendo

1. Mike Dash, *The Story of the WWI Christmas Truce*. Smithsonian Magazine online, 23 de dezembro de 2011. Disponível em: https://www.smithsonianmag.com/history/the-story-of-the-wwi-christmas-truce-11972213/.

2. Chun-Yin San, *Democratising the Future: How Do We Build Inclusive Visions of the Future?*. Nesta, 20 de dezembro de 2017. Disponível

em: https://www.nesta.org.uk/blog/democratising-the-future-how--do-we-build-inclusive-visions-of-the-future/.

3. Ewing Marion Kauffman Foundation, *At the Corner of the Future: Kansas City's World Building Pilot.* Vídeo disponível em Kauffman.org, 26 de julho de 2018. Disponível em: https://www.kauffman.org/currents/at-the-corner-of-the-future/.

Epílogo

1. Hilary Greaves e William MacAskill, *The Case for Strong Longtermism,* University of Oxford Global Priorities Institute. Disponível em: https://globalprioritiesinstitute.org/wp-content/uploads/2019/Greaves_MacAskill_The_Case_for_Strong_Longtermism.pdf. Accesso em 29 de agosto de 2021.

Sobre o Autor

Ari ben Zion Wallach é o fundador e diretor executivo do Longpath Labs, uma iniciativa focada em garantir que a humanidade floresça em um planeta Terra ecologicamente próspero nos próximos séculos.

A palestra TED de Wallach sobre o Longpath foi vista mais de 2,5 milhões de vezes e traduzida para 19 idiomas. Desde a Agência da ONU para Refugiados e o Departamento de Estado dos EUA até o Auburn Seminary e a startup de igualdade no casamento Friend Factor, Wallach ajudou organizações a vislumbrar os futuros que desejam e as estratégias necessárias para alcançá-los por mais de vinte anos. Wallach foi cofundador da iniciativa presidencial "The Great Schlep with Sarah Silverman", em 2008, e anteriormente apresentava o *Fast Company Futures with Ari Wallach*, da revista *Fast Company*. Como professor associado adjunto na Escola de Relações Internacionais e Públicas da Universidade de Columbia, ele ministrou palestras sobre inovação, IA e o futuro das políticas públicas.

Ele atuou como juiz especialista no painel de revisão do desafio global de equidade racial 2030, bem como no desafio de concessão de US$100 milhões da Fundação MacArthur. É graduado pela Universidade da Califórnia, Berkeley, foi Coro Fellow em 2003 na cidade de Nova York e membro do Projeto Gettysburg de Engajamento Cívico de Harvard. Ari mora no Vale do Hudson com sua esposa, três filhos e seu labradoodle, Ozzie.

Para saber mais e participar, visite:

www.longpath.org [conteúdo em inglês].

LONGPATH